让你看穿身边人的微表情心理学

牧之 ◎ 著

瞬间读懂人心、掌控人际交往主动权

立信会计出版社
LIXIN ACCOUNTING PUBLISHING HOUSE

图书在版编目（CIP）数据

让你看穿身边人的微表情心理学 / 牧之著. -- 上海：立信会计出版社, 2015.1

（去梯言）

ISBN 978-7-5429-4388-0

Ⅰ.①让… Ⅱ.①牧… Ⅲ.①表情—心理学—通俗读物 Ⅳ.①B842.6-49

中国版本图书馆CIP数据核字（2014）第263584号

策划编辑	蔡伟莉
责任编辑	蔡伟莉 陈昕
封面设计	久品轩

让你看穿身边人的微表情心理学

出版发行	立信会计出版社		
地　　址	上海市中山西路2230号	邮政编码	200235
电　　话	（021）64411389	传　真	（021）64411325
网　　址	www.lixinaph.com	电子邮箱	lxaph@sh163.net
网上书店	www.shlx.net	电　话	（021）64411071
经　　销	各地新华书店		
印　　刷	固安县保利达印务有限公司		
开　　本	720毫米×1000毫米	1/16	
印　　张	19	插　页	1
字　　数	243千字		
版　　次	2015年1月第1版		
印　　次	2015年8月第2次		
书　　号	ISBN 978-7-5429-4388-0/B		
定　　价	36.00元		

如有印订差错，请与本社联系调换

前 言

常言道：识人难，识人心更难。正如世界上没有完全相似的两片树叶一样，世界上也没有完全相似的两个人，大千世界，芸芸众生，人们的心理和性格千差万别，要想精准地识透人心、读懂他人，谈何容易。然而任何事物都有一定的规律可循，找到规律，就可以找到探寻和认识事物的法门。那么，认识人心有什么法门呢？其实就是微表情。

微表情是指人们在日常生活中通过身体某些部位的表情、姿态、动作、生理反应，以及衣饰等，透露出自身的心理信息，这些信息包括意念、看法、态度等，涵盖了生活中的诸般感觉和情绪。

国外心理学家通过研究表明，微表情能在1/25秒内一闪而过。通常微表情一闪而过，甚至连作出表情的人和观察者都察觉不到。在实验里，只有10%的人察觉到微表情。比起人们有意识做出的表情，微表情更能体现人们真实的感受和动机。

微表情与人的内心息息相通，心理上的一点风吹草动都可能通过微表情显示出来。人的表情比语言、行为显得更为真实。在稍瞬即逝的微表情里，往往隐藏着人们真实的心理感受。微表情作为心理应激反应的一部分，是人类心理本能的反应，无法伪装和掩饰，即使一个人努力隐藏自己的真实感受，也只能在出现瞬间的微表情之后，才能装出之后自己想要表达的相应表情。因此，微表情是了解一个人内心真实想法的最直接途径。

一个人若有想法、有企图、有动机，都会在他的微表情上作出相应的反应。世界上任何一个人都无法掩饰一些他们自己不能控制的，却能直接反映其内心真实世界的表情、肢体语言和习惯动作等。人们不但可以将自己心里的感觉、念头、情绪以微表情的形式传递出来，而且还可以通过破译他人的微表情来了解其所想要传达的各类信息。

学习解读、破译他人的微表情，不仅能够让我们更加准确地明白他人心思、意志以及控制和操纵事物的方法，而且还能让我们更加关心和在乎他人的感受和情绪。从而，无论是随机应变还是自我改善，都将对我们的沟通和交际能力产生非常积极的影响。所以，学会读懂和使用微表情，是一门人生的必修课，是洞悉先机、掌控全局的成功保证。

本书总结了微表情心理学历年来的研究和发展成果，是一本了解、研究、掌握微表情心理学的入门读物。全书通过通俗精练的语言，科学、系统、全面地解读了微表情心理学的知识和原理，从有声语言到无声语言，从衣着打扮到行为举止，从生活习惯到兴趣爱好，由表及里，由内至外，从现象推测本质，对人们的各种微表情进行了深入透彻的剖析，帮助你读懂微表情背后的心理真相，洞察对方的心理奥秘，练就一眼看透人心、瞬间识透他人的技能。

学会微表情心理学，没有看不透的人，没有搞不懂的事。破译微表情密码，观人于细微，察人于无形，玩转职场、商场、情场、社交场，潇洒地辗转于生活的竞技场中，在人生的旅途上左右逢源，把人生的主动权牢牢地掌握在自己的手里，先人一步掌控全局，做人际博弈中的大赢家。

目 录

第1章　头部微表情，不经意间泄漏心理天机

头面型中的微表情　/ 3

头语中的微表情　/ 5

额头中的微表情　/ 6

头发中的微表情　/ 7

第2章　表情晴雨表，闪烁中折射人的喜怒哀乐

眼睛，心灵的窗户　/ 11

耳朵里的玄机　/ 20

鼻子里蕴含的语言　/ 22

不张嘴，也知其心　/ 26

眉宇间的心情体现　/ 34

看脸型，辨别对方　/ 39

脸颊和下巴的感受　/ 48

看看他的唇形长相　/ 50

通过牙齿透析人心　/ 51

胡须，男儿本色　/ 53

第3章 参透话外之音，顺着声音走进人心

从话题洞悉对方真意 /59

别人说"不"的意图 /64

揭开网络聊天的帘幕 /65

从谈话的方式识其心理 /67

吵架 /69

称呼 /73

酒后吐真言 /74

幽默感 /76

阿谀奉承者 /78

打招呼 /79

口头禅 /83

常说错话 /84

说粗话 /85

好辩论 /87

散布流言 /88

找借口 /89

谎言 /91

第4章 高矮胖瘦的人心奥妙，体型不同心思各异

肥胖型而脂肪质的型态 /101

略带纤瘦而肌体结实的型态 /101

纤瘦型的型态 /102

筋骨强壮而结实的型态 /102

体型与人格类型 /103

第5章　身体会说话，破译肢体语言的密码

　　破译肢体语言的密码　/107

　　无声和有声语言相得益彰　/108

　　名著里的肢体语言解读　/109

　　肩语：威武、娇媚的展示　/112

　　腰语：性感的线条符号　/113

第6章　十指葱葱有密语，手是人的第二张脸

　　手是人的第二张脸　/117

　　十指葱葱有密语　/119

　　指尖上的舞蹈　/122

　　表露自信心的手势　/124

　　巧搓手说巧语　/125

　　手掌的语言　/127

　　握手的玄机　/129

第7章　心随腿动，双腿出卖你的内心动向

　　双足的丰富信息　/137

　　观步态可识人　/138

　　跛方步者的性格为人　/139

　　罗圈腿式者的性格为人　/139

　　大踏步式者的性格为人　/140

　　碎步式者的性格为人　/141

第8章 随意自然的坐姿，画出复杂的人心地图

坐姿的八种类型 / 145

观察坐姿的"三要素" / 149

坐姿能够带出秉性 / 150

从坐姿画出人心地图 / 153

第9章 形态各异的站姿，人之秉性的自然体现

站姿显示出性格特征 / 157

社会型内向站姿 / 158

思考型内向站姿 / 158

抑郁型站姿 / 159

服从型站姿 / 159

攻击型站姿 / 160

古怪型站姿 / 161

公共交通工具上的站姿心理学 / 161

第10章 变化不定的走姿，内心状态透露的秘密

走路姿态的心理学 / 165

走路步伐急促者的习性 / 166

走路步伐平缓者的习性 / 166

走路身体前倾者的习性 / 167

走路摇摆者的习性 / 167

走路昂首挺胸者的习性 / 168

走路用军事步伐者的习性 / 168

第11章 看一个人的性情，要看他的睡姿

仰卧的人不怕得罪人 / 173

俯卧的人害怕选择 / 173

侧卧的人漫不经心 / 174

裸睡的人向往自由 / 175

独睡的人喜欢孤独 / 175

第12章 心情风景线，衣着打扮写满了心思符号

服装是人的第二皮肤 / 179

从服饰洞察性格和心理 / 182

从所穿的T恤观察对方 / 184

色彩的选择受心理影响 / 185

对衣服的选择展现品性 / 187

透过泳装看女人心理 / 189

内衣样式暴露女人的性格 / 190

化妆展示女人的欲望 / 191

第13章 心理显微镜，玲珑小饰品心情大世界

手提包：拿在手中的心情 / 197

手表：时间背后的品位 / 201

戒指：浓缩的内心世界 / 203

帽子：欲盖弥彰的遮掩 / 204

鞋子：也会传达心声 / 207

领带：打出男人的个性 / 210

手套：套出内心的愿望　/213

眼镜：心灵窗外的美景　/217

手机：心灵交汇的驿站　/219

第14章　蛛丝马迹的真相，日常行为中隐藏的秘密

假动作需要留意观察　/223

下意识动作会"出卖"一个人　/225

购物方式反映人的生活态度　/228

从挤牙膏和刷牙动作观察对方　/230

随手涂写显露真性情　/233

从拿麦克风的方式识人　/234

从笔迹体察人的心路历程　/236

敲门的心理动作符号　/239

上下级的微妙行为　/240

从握杯方式看人心　/241

从开车方式看心情　/242

从吸烟动作看对方心理　/244

从签名观察对方的性格　/249

从打电话行为观察人　/251

第15章　猜得出的品位，吃吃喝喝中透露个性和修养

观察对方的饮食特点　/257

由烹饪方式来了解对方　/258

从喜爱的食物看其个性　/260

从喜欢的饮酒品种见人性　/261

从喝酒方式看人性 /264

从吃鸡蛋的方式看性格 /265

从喜欢吃的菜看性格 /266

从喝茶发现其个性 /268

第16章 看得透的内涵，兴趣是内心性情的真实写照

从读书偏爱看性格 /275

从音乐偏好看人性 /277

从旅游偏好看性格 /279

从收藏发现生活追求 /280

由所养宠物见对方性格 /282

从益智游戏看对方性格 /283

从喜爱的童话观察朋友 /285

从休闲嗜好看对方性格 /286

从喜爱的电视节目观察朋友 /287

从驾车爱好见对方脾性 /289

从运动方式看个人情趣 /291

第1章
头部微表情,不经意间泄漏心理天机

　　人的身体构造及社会环境决定了人的生理功能和心理活动,而这些功能和活动影响着人体的外部表征和表现行为。因此,我们从这些外部表征和表现行为的各种现象中,按照一定的统计规律总结归纳出一些类型,推理分析各类型与人们生理和心理活动的关系,从而了解人的内在活动状态。这也是古代人"面相说"有一定根据的地方。所以,我们通过头部的微表情,能在一定程度上"读懂"人的内心活动。

头面型中的微表情

人的头面型主要有以下九种。

一、圆型

头面型圆的人,其身体亦圆,其为人亦是四面圆通,八面玲珑,正符合中国相法所称之"心宽体胖"。

因为头面型圆的人永远是乐观的,对一切都感到安然惬意,所以这种头型的人一般是和气、有趣、可亲的。这种人擅长管理行政,是理财的天才。这种人天性爱好享乐,爱吃贪睡,结果身体愈胖,因此不免懒惰。

二、三角型

三角型或称智慧型、理想型、艺术型。这种头面型的特征:前额高而宽,下巴尖,脸型如一个倒三角型。

这种人智力灵活,善推理,好深思,爱钻研书本,富创造力,生性聪明,多智谋,富理想,易冲动。擅长劳心工作,不惯于劳力工作,户外运动过少,故体质较弱,缺乏活力,体力懒惰。发明家、设计家、教育家、评论家、思想家多属于此型。

三、长方型

这种头面型的特征是头窄、长脸,像长方形。

这种头面型的人擅长外交手腕,喜交际;友善和气,态度温和有礼,机警。这种人欲达到目的,绝不用武力,而用他的机警、外交手腕和智慧聪明。这种人做一个外交家或推销员是很合适的。这种人的缺点是,缺乏力量、魄力和执行力,且不善理财。

四、四方型

这种头面型的特征是：前额上部方形，方下巴，身体亦随之有方形的趋向。多为大将领、实业家、运动家、飞行家、探险家。

这种头面型的男子较多，女子较少。这种人精力充沛，生性活泼，好动，好冒险，不受拘束，好自由，喜户外生活。这种人不爱谈理论，而讲求实际，有建设性。他们的身体能耐劳，吃得苦中苦。他们的缺点是，不喜读书，智力懒惰，不善思考。所以，他们只好用他们的手及身体，认真踏实地去做或执行思想家所计划的事情。

五、平直型

这种头面型的人数较多，特征是：前额较直，直鼻子，嘴与下巴均平直，头面侧面成一直线形状。

此类型人性格比较中性，缺点是经常犹豫不决。

六、凹进型

这种头面型的特征是：前额上端突出，眼眉部分平坦，鼻子低，唇部短缩，下巴突出，整个头面侧面成凹进形状。

这种头面型的人，与下面的凸出型的人正相反，他们的个性可以用一个"慢"字表示。思想行动皆缓慢，一切慢吞吞，不急进，固执而不切实际，缺乏创造力。但这种人却因此而养成一种谨慎、不盲从、不冲动的性格。镇静、从容，理智重于感情，善思索，一切三思而后行，不妄动，故惹祸的机会少。能忍耐，有持久力，态度温和，随遇而安，是其优点。

七、凸出型

这种头面型的特征：前额后倾，高鼻梁，唇部突出，下巴短缩，整个头面侧面成凸出形状。这种头面型的人，智力极佳，思想快，行动敏捷，善观察，富创造，喜进取。可以用一个"快"字表示他们的个性。

这种人虽然反应快，但缺乏持久性与忍耐心，而且冲动、易怒。所以，他们的缺点就是，不免过于性急，欠深虑，妄动。这种人言多而直爽，故易失言。

八、上凹下凸型

这种头面型与上述上凸、下凹正相反。它的特征：前额上端突出，眼眉平坦，鼻子低，唇部突出，下巴短缩。

其性格特点是想到就去实施，行动力强，有冲劲。他们行动快于思想，故不易有周密之计划，而行动，常常不免轻率疏忽，所以每每行动之后会后悔，与纯凸面型的人从不后悔的性格不同。这种人不重实际，易冲动，缺乏领悟力与忍耐力。

九、上凸下凹型

这种头面型的特征：前额后倾，眼眉高出高鼻梁、嘴唇短缩，下巴长而突出。

这种人因为前额后倾，所以思想快，下巴长而突出，行动慎重。他们的性格重实际，有魄力，是一个领袖人才。他的性格缺点，就是易趋专制、固执。假使你是一个未结婚男生，那么你如有意追求这种头面型的女孩，最好要有耐性，多用些追求时间。因为也许她已属意于你，只是她觉得还没有到行动的时机而已。

头语中的微表情

看人第一眼接触到的就是对方的头部。头部略微上抬的男性，显得有精神和力量。头部略低，平视前方的女人，显得温文尔雅。

头部的姿态也有许多含义。例如，点头表示赞同或允许，抬头表示感兴趣或有意投入，摇头表示否定或怀疑，垂头则表示厌倦或精神萎靡，头上仰

表示惊讶或与远处的人打招呼，交头接耳表示心不在焉，摇头晃脑表示自我陶醉，昂首侧目表示刚毅不屈，等等。

额头中的微表情

额头是最能显示人的脸部轮廓的部位。额头大的脸型看起来轮廓较大，五官明显，给人的印象深刻；有句话说"将军额头能跑马"，做大事的人总是需要一个包容心，能够容纳别人或者包容错误的人才有机会成功，这也是人们通常所说的胸怀。

胸怀的宽广度常被看作是一个人的事业限度，如果心中容不下异类，听不进别人的不同意见，不会和敌人共存，很难想象这样的人会取得成功。心胸狭窄的人眼里容不下一粒沙子，不允许别人有一丝一毫的错误，得失心很重，不能批评，这样的人只能活在自己的世界里，不具备成就事业的起码素质。

《史记》有言："大行不顾细谨，大礼不辞小让"，胸怀宽广的人总是不拘小节，能够随时把眼光控制在大目标上，让小事情为大事情服务。胸怀坦荡者一般具备下面几个特征：

他们视觉印象分明，轮廓突出，自然随意，没有犹豫不定的感觉。额头较高的人一般智商很高，很聪明；额头眉骨凸现的人有一股傲气，不服输，喜欢争斗；额头宽阔给人感觉大气，容易为别人接受，达成一致意见，这种人往往成为一个单位里的领导者，或者是后备的领导干部。

这种类型的人，视野的关注点总是集中在自己的理想或者目标上，不会斤斤计较于日常琐事。要成就大事首先需要一个"种子"和环境，种子就是人的理想，环境就是适合种子生长的人的素质，其首要的就是人的胸怀和气度。所谓要取得天下，就要先有容纳天下的气度，就是这个道理。

他们具有乐观的人生态度，不会让小事情主导自己的心情。心胸宽广的人往往会对人生抱一种积极向上的看法，很达观，可以娴熟地驾驭自己的心情。

头发中的微表情

头发是头部最为重要的修饰品，从中也可以看出人的性格趋向。

头发粗直、硬度高的人为人豪爽，行侠仗义，不拘小节，对朋友总是以义当先，光明磊落，不会玩弄小聪明，并且是很好的患难之交。

头发浓密而且很黑的人做事情有条理，很有智慧，懂得发挥自己的长处，有理想，有抱负，是典型的事业型人才。

头发稀少，并且发质很细这种人心机很重，会打算，算计事情一丝不苟，喜欢把事情清理得很仔细，缺乏气概和宽容心。

头发自然卷这种人一般都有很强的个性，喜欢表现自己，常常给别人带来意想不到的惊喜。

头发稍秃的人做事情很勤奋，对待工作认真，对自己分内的事情具有很强的责任感。

注重形象的人一般也很看重发型，因为头发是人体一个很重要的部分，关系着人的整体形象。当然对于经常从事公共活动的人来说，保持一个得体的发型更是必不可少的。

头发总是梳理得很齐整光亮的这种人很注重外在形象，甚至有点虚荣爱面子，对事物也比较挑剔，喜欢吹毛求疵，有点完美主义倾向。

头发自然随意，没有明显修整的这种人对外表的东西不看重，喜欢内在的收获，很多人都是工作狂，拼命工作，希望获得上司的认可。

　　经常留短发这种人做事情干脆直接，有些人可能会比较骄傲，常会满足于自己的现状；有些人看重自己的感受，以自我为中心。

　　喜欢赶时髦，留时尚发型的人小资情结比较重，喜欢他人的夸奖和表扬，总是想赶在事物的前面，年轻人表现的会很前卫；中年人则很有活力，喜欢和别人沟通，拥有处理人际关系的良好技巧。

第2章
表情晴雨表，闪烁中折射人的喜怒哀乐

所谓"五官"，指的就是"耳、眉、眼、鼻、口"等五种人体器官。在识人学上，"眉毛"关系健康、地位；"眼睛"关系一个人的意志力、心肠；"鼻子"关系一个人的财富与健康；"嘴巴"关系一个人的幸福、食禄与贵人运；耳朵关系一个人的长寿与否。

第2章 表情晴雨表，闪烁中折射人的喜怒哀乐

眼睛，心灵的窗户

在西方流传着这样一个"赌徒诈骗"的故事。

狡猾的赌徒们，先用小金额下赌注，并且密切观察坐庄人的反映，如果押中了，就会发现坐庄的人瞳孔骤然扩大，于是他们就大大地加注。结果坐庄的人输了钱还不知奥秘何在。

我们通过这个故事，可以看到人的瞳孔变化与人的心理活动有着极为密切的关系。

一、不同的眼睛类型

眼睛是写在脸上的心，其地位可想而知。眼波流转之间，心情纤毫毕现。即便只是静止的双眼，也会透露性格的秘密。下面是一些简单的参考，可以帮你读懂人心。

从社会调查结果看，可以对不同的眼睛类型作出如下概括：

两眼对称，外形稳定，与面部其他器官配合较为和谐。这种人做事情中规中矩，能够合理安排调度自己的时间和工作，可以成为一个成功者。

眼窝深陷，眼球四周看起来有较大凹陷空间。这种人比较深沉，考虑事情详细周到，但是尽管面面俱到，其人所经历的挫折也会接连不断。

眼球外凸，眼睛大而明亮。这种人智商很高，个性很强，学习上往往是佼佼者，业务上通常是领头羊；目光显露天真无邪的，其人缘较好，大家都喜欢这样的朋友，聪明又够意思。目光比较敏锐的，属于能力很强的领导型人才，往往能够用自己的手腕控制局势，果敢坚决，是事业型人才。清末民初的枭雄袁世凯就是这种特征，外国记者评论说：他有一双智慧而又充满魅力的眼睛。他能被李鸿章赞赏为"当今之世，无出其右者"，也就不足为怪了。

眼睛偏小，眼睑外部下走，白眼球较多。这种人心思细腻，容易被评判为阴险狡诈，变化多端，不易把握；这种人做事情往往会出人意料，不循常规；交朋友时会显得比较功利，不讲究感情。

有眼袋，眼角上翘者。这种人有着较好的异性缘，常常能够获得长辈的欣赏喜欢，成人化的过程较快，能够迅速适应环境的变化，和周围的朋友或同事打成一片。

长有"童子眼"的成年人。小孩子的眼珠是比较黑的，而成人的眼珠颜色大多是咖啡色的，若一个成人的眼珠还是偏向黑色的，而且眼神充满童真，称这种人为"童子眼"。这种人为人胸无城府，待人真挚，但容易受骗，包括感情方面。

眼形大而且眼珠大。这种人一般触觉敏锐，热情豪迈，富有激情，但无论男女都是易热易冷，来得快、去得快，容易随周围条件的变化而转变。

"鸳鸯眼"或"大小眼"。无论男性还是女性，若左右两只眼的大小不同，只要从外观上一眼就能看出来，在识人学上称之为"鸳鸯眼"或"大小眼"。鸳鸯眼的人，善于察言观色，天生有灵敏的头脑，特别懂得如何待人接物，并且情感路上也会多姿多彩。

二、眼语

无论一个人心里正在打什么主意，他的眼神都会立刻忠实地告诉别人，他在想的是什么。

俗话中骂人常说："滴溜溜的眼睛，四处转动；贼溜溜的眼睛，东张西望。"滴溜溜的眼睛，贼溜溜的眼睛，是女人和男人最不好的眼语。滴溜溜，表现了女人的轻浮；贼溜溜，表现了男人的狡诈。当一个女人对男人表示好感的时候，她的眼睛会说出嘴上不能说出的话，就是睁大她充满活力的眼睛。当一个女人表示拒绝的时候，她就会用愤怒的、轻蔑嘲笑的眼神，来表示她嘴上不愿说出的情感。当一个女人用从上到下或者从下到上的眼光扫视一个人的时候,通常表示对对方的轻蔑和审视。

当说话进入正题的时候,对方时而移开目光直视远处,这表示是他根本不关心你说什么;当你看到对方灰暗的眼光,就应该想到对方有不顺心的事或发生了什么意外的事情;而当你和对方交谈时,对方的眼睛突然明亮起来,则表示你的话触动了他的心灵和兴趣。对方瞪着你不放,嘴里却不由自主地说:"哎,事到如今,听天由命吧!"这种态度表示自己的谎言即将被揭穿时,不由自主地显示出一种故作镇定的姿态。

此外,我们和上司打交道时,观察其眼睛,也能够洞悉其内心的一切:上司从上往下看人,这是一种优越的表现——好支配人、高傲自负;上司说话时不抬头,不看人,这是一种不良的征兆——轻视下属,认为此人无能;上司久久地盯住下属看——他在等待更多的信息,他对下级的印象尚不完整;上司偶尔往上扫一眼,与下属的目光相遇后又向下看,如果多次这样做,可以肯定上司对这位下属还吃不准;上司友好和坦率地看着下属,或有时对下属眨眨眼,说明下属很有能力、讨他喜欢,甚至工作中出现的错误也可以得到他的原谅;上司的目光锐利,表情不变,似利剑要把下属看穿,这是一种权力、冷漠无情和优越感的显示,同时也在向下属示意——你别想欺骗我,我能看透你的心思;上司向室外凝视着,不时微微点头,这是非常糟糕的信号,它表示上司要下属完全服从他,不管下属说什么,想什么,他充耳不闻。专家们的研究表明,有较高地位的人对地位低的人目光直接接触少,而所有的人看地位较自己高的人次数和时间却较多。

三、眼睛不会说谎

灵魂何在?灵魂储藏在你的心中,闪动在你的眼里。德国著名心理学家梅赛因说,眼睛是了解一个人的最好工具。此言不虚。语言可以说谎,但眼睛不会。

孟子在《离娄章句上》第15章中有一段通过观察人的眼神来判断人心善恶的论述:

"存乎人者，莫良于眸子。眸子不能掩其恶。胸中正，则眸子了焉；胸中不正，则眸子眊（眼睛昏花）焉。听其言也，观其眸子，人焉廋（藏匿）哉？"

这段话的意思是：观察人的方法，没有比观察人的眼睛更好的了。眼睛不能掩盖人们内心的丑恶。一个人心中正直，眼睛就显得清明；心中不正直，眼睛看上去就不免昏花，听一个人讲话，观察他的眼睛，这个人内心的好坏又怎么可以隐藏得了呢？

孟子这段精彩的论述，说明了一个人的内心动向，必然会反映在他的眼睛里。心之所想，不用言语，从眼神中就会找到答案，这是每个人无法隐瞒的事实。常常有这种情况，有些人口头上极力反对，眼睛里却流露出赞成的神态；有些人花言巧语地吹嘘，可是眼神却表现出他是在撒谎。

眼睛是灵魂的窗户，它毫不掩饰地展现你的学识、品性、情操、趣味、审美观和性格。戏剧表演家、舞蹈演员、画家、文学家、诗人都着意于研究人们的眼睛，认为它是灵魂的一面无情的镜子。一个敏锐的人，总是善于捕捉人们瞬息万变的眼神，洞察对方的内心。

四、眼神是内心活动的一面镜子

眼睛放出的神采，它的类型是那么繁多：

心胸博大、为人正直的，眼神明澈、坦荡；

心胸狭窄、为人虚伪的，眼神狡黠、阴诈；

志怀高远的，眼光执著；

为人轻薄的，眼光浮动；

因为克己，眼神内敛；

因为贪婪，眼神暴露。

正派而敏锐使眼光如利剑出鞘；

邪恶而刁钻则使眼光如蛇蝎蛰伏。

渊博的人，眼中透出了悟；

无学的人，眼中似乎只存疑窦。

自信者，眼神坚而毅；

自堕者，眼神晦而衰。

也许你貌不惊人，眼小如豆，但它可以流露出华美的气质；

也许你美目流盼，但却可能有一个蜷曲衰败的灵魂在其中沉睡。

作为一个生理器官，从眼睛还可以看出一个人的精神状态：

一个健康、精力充沛的人的眼睛通常明亮有力，眼睛转动灵活机警，眼光清晰、水分充足；

一个疲劳的人眼睛就会显得乏力无味、目光呆滞、眼光混浊；

一个乐观的人眼睛通常充满笑容，善意十足；

一个消极的人往往眼睛下拉，不敢正视别人的眼光。

著名的人力资源管理专家刘晓英教授说："一个诚实的人的眼睛是自信的，说谎的人的眼角会不自觉地往上翘或者眼睛转动速度比说话的节奏快。"很多大公司企业主管在面试时都能发现这个特点。

面对一个诚实的人，他的眼睛坚定浑厚，眼神沉重踏实，你会觉得他对自己的行为有着坚定的信念，他的叙述充满了说服力和感染力，让人不容置疑。

说谎的人在心理上是不确信的，他的眼神漂浮无根，说话没有底气和正气。面对这种人，你会觉得他在讲述一个与自己无关的事情，没有信念和可信度，这种类型的人在生活和事业上很难达到既定的目标。

五、交谈时从眼神透视对方心理的技巧

透过眼神去观察他人的心理活动，是人们在社会生活中常用的方式。但是如果你想有意地、主动地去从眼神中透视对方心态，就必须掌握有关的理论和技巧。现在，让我们来看一下，在交谈时怎样从对方的眼神和视线里探出对方的真正意图。

和你谈话时，他的眼睛并不是看着你。在说话进入正题的时候，对方时而移开目光看向远处，不是他根本不关心你说些什么，就是正在算计某些事情。但是需要注意的是，通常人们在与自己的上司交谈时，始终注视对方的眼睛的人是极少的，因为人在这时大多数或多或少会有害怕、害羞或者屈卑的感觉。更有一种病叫眼神恐惧症，得了这种病的人不管是对什么人，都不敢正视其眼光。

遇到对方有"啊！事到如今，听天由命吧！"这种态度，则表示他的谎言或罪过即将被揭穿，此时他瞪着你不放就是一种故作镇定的姿态。

对方眼神闪烁不定的时候是因为其内心正担忧某件事，而无法真正坦白地说出来，他才会有这样的眼神。可理解为对方心里有自卑感，或正想欺骗你。

当你和生意伙伴见面的时候，看到对方灰暗的眼光，就应该想到对方有不顺心的事或发生了什么意外的事情；而当你和对方交谈时，对方的眼睛突然明亮起来，则表示你的话正说中了他心里最急于表达的事情。

眼睛上扬这是假装无辜的表情。这种动作是在佐证自己确实无罪。目光炯炯望人时，上睫毛极力往上抬，几乎与下垂的眉毛重合，造成一种令人难忘的表情，传达着某种惊怒的表情。斜眼瞟人则是偷偷地看人一眼又不愿被发觉的动作，传达的是羞怯腼腆的信息。这种动作等于是在说："我太害怕，不敢正视你，但又忍不住地想看你。"

眨眼的系列动作包括连眨、超眨、睫毛振动等。连眨发生于快要哭的时候，代表一种极力抑制的心情。超眨的动作单纯而夸张，眨的速度较慢，幅度却较大。动作的发出者好像是在说："我不敢相信我的眼睛，所以大大地眨一下以擦亮它们，确定我所看到的是事实。"睫毛振动时，眼睛和连眨一样迅速开闭，是种卖弄花哨的夸张动作，好像在说："你可不能欺骗我哦！"

挤眼睛是用一只眼睛向对方使眼色表示两人间的某种默契，它所传达的信息是："你和我此刻所拥有的秘密，其他任何人无从得知。"在社交场合中，两个朋友间挤眼睛，是表示他们对某项主题有共同的感受或看法，比场中其他人都接近。两个陌生人之间若挤眼睛，则无论如何，都有强烈的挑逗意味。由于挤眼睛包含两人间存有不为外人知道的默契，自然会使第三者产生被疏远的感觉。因此，不管是偷偷的还是公开的，这种举动都被一些重礼貌的人视为失态。

眼睛往上吊，这种人心里藏着不可告人的秘密，喜欢有意识地夸大事实，他们性格消极，不敢正视对方。

眼睛往下垂，这个动作有轻蔑对方之意，要不然就是不关心对方的情形。这种动作的发出者一般个性冷静，本质上只为自己设想，是任性的人。

六、观察人的视线方向

透过人的视线，可以窥探出人的内心活动。人们在社会生活中，如果内心有什么欲望或情感，必然会表露于视线上。因此，如何透过视线的活动了解他人的心态，对人与人之间在交往中的心理沟通，具有重要意义。

视线的交流是沟通的前奏。一个人的视线可以从不同角度和不同的观点来了解。其一，对方是否在看着自己，这是关键；其二，对方的视线是如何活动的。对方直盯着自己，或视线一接触马上移开，其心理状态是迥然不同的；其三，视线的方向如何，也就是观察对方是否以正眼瞧着自己，或以斜眼瞪着自己；其四，视线的位置如何，这是观察对方究竟是由上往下看，或者是由下往上看等；其五，视线的集中程度。这是指观察对方是专心一致在看着自己，还是视线缥缈，不知究竟是在看什么地方等。这些表现所代表的意义是各不相同的。

在交往活动中，通过观察人的视线方向，也能透视人的心态。

1. 对方的眼睛看远方时，表示对你的谈话不关心或在考虑别的事情

例如，当你很有诚意地对女友说话时，她却常常将眼睛注视别的地方，表示她心中正在盘算别的事情，或许因为对结婚没有信心，也可能她另有对象，对你说不出口。出现这种情况，你不妨用试探的口气问她："有什么麻烦吗？告诉我，我们共同解决。"

如果对方是非常重要的交易谈判对象，他同样会在心里盘算，如何使交易变成有利的状况。看对方的眼神中，也有凝视于一点或焦点不变的眼神。这种眼神表示对方心中在想其他事情。谈生意的对象有这种眼神时，要特别注意不要将大量货物出售给他，因为对方可能支付不了货款。如果对方是卖方，他所卖的货物可能是次品。总之，当你的交易对象出现这种眼神时，你一定要小心提防。这时候，你可以毫不客气地问："你有什么烦恼的事情"，以从对方口中探知原因。如果对方慌张地说："不！没有什么事……"这时，应当斩钉截铁地与他中断洽谈，可以对他说："以后再谈吧。"

如果在某个会议上，你发现一位出席者对坐在他正面的某人看都不看一眼。那么，等他对面的那位发言过后，你不妨问他："你认为他的意见如何呢？"他如果立即予以猛烈反驳的话，则证明他们之间曾经有过争论，或有什么成见。

2. 斜视对方的眼光，表示拒绝、藐视或感兴趣的心理

人们聚集在一起时，常常可以看到斜视对方的眼光。这种眼光的特性，是表示拒绝、轻蔑、迷惑、藐视等心理。公司或商场间的竞争对手或其他竞争者之间难免会正面交锋，互相之间经常会用这种蔑视的眼神看对方。

但是，斜而略带含笑的眼神，有时也表示对对方怀有兴趣。尤其在初次见面的异性之间，经常能见到这种眼神，多出现在女方身上。如果你是一位男士，有一位不太熟悉的女孩子这么看你，那表示她对你感兴趣。遇到

这种状况时，你应该鼓足勇气和她攀谈，略显轻蔑的眼神会变成最有兴致的眼神。

3. 对方眼神发亮略带阴险时，表示对人不相信，处于戒备中

男女之间用这种眼神凝视时，表示双方敌意、憎恶；在初次见面的会谈中，也会接触到这种眼神；受到朋友或同事的误会，把被曲解的事实向对方解释说明时，对方往往也会出现这种眼神。

初次见面时，对方有这种眼神，表示在谈话中你使对方产生某种的不信任的警戒。如果觉得自己并无使对方产生这种心理的做法的话，那可能是对方从其他地方听到一些你的事情，或由介绍者那里得到某种先入为主的情感。

到朋友、同事那里去解释，他们可能会说："来干什么？现在还有脸到我这里来……"此时，他们如果有疑惑、敌意、不信任的眼光，表明对方已完全误解了你，并存有戒心。一旦受到别人的误会，一定要诚恳解释，才能消除误解。

女性穿着太奢侈、打扮太耀眼的话，就容易受到别人的误会，可能感受到某种发亮略带阴险的眼光在注视着你。你应在言谈、礼貌方面加以注意，这样才不会招致别人的误会。

4. 对方作出没有表情的眼神，表示心中有所不平或不满

有人认为，人与人之间互相没有心怀不满或烦恼时，才会作出毫无表情的眼神，这种想法是错误的。人们沉思时的眼神各不相同，有的闭起眼睛，有的则呆滞地望着远方，还有的则会作出毫无表情的眼神，一旦思维整理妥当或产生新的构思时，眼睛则显得很有神，或出现有规律的眨眼现象，这也是接着将要说话的信号。所以，交际中，面无表情不是好现象。

比方说，你若碰到一位朋友，你向对方说："我正巧到这附近，要不要一起去喝茶？"对方的眼睛表现出毫无表情的样子，说："很久不见，还好吗？"一时脸上充笑，马上又恢复无表情的眼神。此时的眼神表示对方内心不安，并且对现状不满。

情侣两个在闲谈时，如果突然发生别扭，女方说："我要回去。"站起来要走，眼神毫无表情。此时，她心中可能隐藏着不满与不平。

性格懦弱的人，一旦被不喜欢的人邀去做客，如果一开始能拒绝固然好。偏偏这种人难以说出回绝的话，只好跟在后面走，这时候他们会出现无表情的眼神。遇到这种情形，一定要不加思考地问他："你什么地方不舒服吗？"表现出关怀之意。

在冲突者之间也往往出现这种情况，这时候千万不要介入他们之间的纷争。

耳朵里的玄机

感受自然界的声响，欣赏形形色色的音乐，聆听父母的叮咛与师长的教诲——耳朵的贡献不言而喻。然而，你知道这方寸之地的种种玄机吗？

一、听力也"重男轻女"

一个健康人的耳朵能分辨多达40万种不同的声响，但这种分辨能力与性别、年龄有关。比较起来，男性比女性的耳朵更灵敏。

为论证这一结论，美国学者对部分男女进行了声音辨别测试，要求受试者辨识从各个方向传来的普通声音。结果男性抢先辨别出了60%的声音，女性只在28%的声音辨别测试中拔得头筹，其余12%的测试男女打成了平手。

二、左右耳有别

假如你想对情人悄悄说几句话，是对着他（或她）的左耳说呢，还是右耳说？如果是前者，你会收到更好的效果。美国的西姆教授道出了个中的奥秘：无论男女，与右耳相比较，左耳更喜欢甜言蜜语，听到的情话最容易令人动心。因为人的左耳是由右半脑控制的，而右半脑恰恰就是负责处理情感的优势半脑，同时，左耳对声音刺激的反应更灵敏，甚至包括音乐的和弦及曲调。

不过，如果你要想对方牢牢记住你说的话，则应反其道而行之，对着对方的右耳说。科学家通过实验发现，人用右耳听的话比用左耳记得要牢。右耳听到的信息汇入左半脑，而左半脑比右半脑更具记忆优势，这种优势常随着年龄的增长而得到强化。看来，听不同的话用不同的耳朵，不失为一个生活小窍门。

三、耳大是福

耳朵大些好呢，还是小一点好？这个有趣的问题如今有了答案。俄罗斯科学家一语惊天下：人的创造能力与其耳朵大小有关，那些长有一双大耳朵的人应该感到自豪与幸运。

进一步研究还发现，一个人的两只耳朵大小并不相等，而是存在着差别的。尽管这种差别只有2～3毫米，但它足以判断其大脑哪个部位最发达，进而作为观察儿童天赋提供根据。俄罗斯的研究者穆斯塔芬分析说：那些右耳朵特别大的人将在精密科学（如数学与物理）方面取得成就，而左耳朵大的人将会在人文科学方面有所作为。

这项研究结论有什么意义呢？可以用来指导孩子对未来专业的选择。比如，在决定一个孩子学习某门知识之前，首先应该确定他是否具备这门知识的生理条件。如果一个少年的耳朵表明他将成为一位艺术家的话，那么家长就不应该强迫他去学数学。

四、男人不愿听女人讲话吗

在生活中，经常可听到妻子的抱怨，说丈夫不愿听她唠叨。其实这是冤枉了丈夫。实际上，对于妻子的话，多数情况下丈夫不是不愿听，而是

"听"起来有一定的困难,应该得到谅解。这绝非为男人找借口,而是英国科学家得出的科研结论。

英国研究人员公布了一项研究成果:男性接受女性声音要难于接受其他男性的声音。资料显示,男性对女性声音的接收,主要是通过大脑中接收音乐讯号的部分来完成的,其接受与解读机制比对其他男声要复杂得多。其中主要原因是,男女在声带与喉咙的大小及形状方面存在差异。另外,女性声音更具有天然的"情绪",故男性模仿女声比女性模仿男声更显得"惟妙惟肖",也更容易"混淆视听"。京剧大师梅兰芳就是一个典型的例子。

鼻子里蕴含的语言

我们的鼻子表情虽然非常少,但是由于它位于整个面部的正中,所以同样起到了"承上启下"的作用。

我们经常说"皱起的鼻子",那通常是在对事物表示厌恶的时候;轻蔑的时候则称"嗤之以鼻";愤怒的时候鼻孔张大、鼻翼扇动……

鼻子在我们面部的中央位置,在我国相人学中,它掌管着人一生的财运,而在西方国家它却是性的象征,鼻子的学问由此可见一斑。鼻子可以提供一定的性格特质的线索——尤其是有些人想方设法掩饰的那些特质。

一、他为什么摸起了鼻子

现代心理学的研究成果表明,在谈话中对方的鼻子稍微胀大时,多半表示他对你有所不满,或情感有所抑制。

鼻头冒出汗珠时,一般来说,这表明一个人的内心特别焦躁或紧张。如果对方是重要的交易对手时,必然是急于达成协议。如鼻子的颜色整个泛白,就显示对方的心情一定犹疑不定。

鼻子像鹰嘴，尖向且垂成钩状，阴险凶暴；鹰鼻而眼深者生性贪婪，不知足；鼻孔朝着对方，指藐视对方，瞧不起人。鼻子坚挺，表示这个人的性格坚强，固执己见，通常不会被别人所左右；摸着鼻子沉思，说明对方内心斗争激烈，处于犹豫不决境地。

听对方说话的时候摸鼻子，说明摸鼻者不相信对方所说的话，他在考虑如何应对。

比如人们常听到"他皱起鼻子"这样的说法。这说明，鼻子确实表示某种情绪。这样一种表情再加上一种严肃的面容表示出一种厌恶和轻蔑的态度，从根本上讲是一种傲慢、不屑一顾地对待别人的态度。皱鼻子的人常常看起来好像他们已经闻到了一种难闻的气味。这种习惯性的行为很可能有其自然环境因素，因为吸到一种讨厌的气味会使人们皱起鼻子。

像"有些东西臭气熏天""有些东西一股鱼腥味"，这样的口语是表示一种厌恶或是表示吸到一种讨厌的气味。在某些人中，如果在鼻子两边有明显皱痕的特征，可能在一定程度上反映了他们对周围不满情绪多一些。

"傲慢的"表情是以某些人有仰头习惯为基础的。文学作品中把这些人描写成鼻子朝天，好像一切都在他们之下。其他一些常用的特征描写包括："他鼻孔朝天，一种自高自大的神态""他仰起鼻子露出轻视的表情""他鼻尖朝地，对世界不屑一顾的样子"。

想象一下这样一种人：那些鼻子朝天、神气活现而又不直接正视别人的人。很明显这种人不想和你交往，希望占你的上风。这样一种姿势表示出一种傲慢的态度，希望看你的头顶而不是与你的目光接触。你得小心提防有这样一种行为表示的人！

从生理学的观点来看，肌肉能使鼻孔加大张开的程度，帕斯卡尔在描绘克利奥帕特拉那硕大向上翘起的鼻子时写道："假如它（鼻子）短一些的话，那么世界的整个面貌都将会改变。"就力量和洞察力方面来讲，拿破仑曾这样说，"给我这样一个人，他的鼻子应该长得硕大丰满……每当我需要找别人完成任何有用的脑力工作时，如果没有其他合适的人选的话，我总是选一个鼻子长得长长的人。"

二、鼻子形状的"语言"信号

我们之所以说从外貌观察人，是因为人的外貌的健康程度和特征可以反映人的内在品质。鼻子同样也有这个作用。中医学有种说法认为，鼻子主导人的心脏，从鼻子可以看出心脏的健康程度，由于面部神经极为发达，通常血液充足畅通的人外貌看起来就会很精神，面部中心的鼻子也因此富有光泽，给人健康的形象。

下面我们来仔细探究鼻子中究竟蕴含了怎样的"语言"。

1. 孤峰独耸

鼻子的大小要与脸形大小以及五官互相配合，如颧低、面小、额平、颊失而鼻非常丰隆的话，古书中称之为"孤峰独耸"，这种人不论男女，非但不能聚财且有破财之虞，尤其以男性上唇无胡者更是灵验。

2. 过于短小

鼻与脸形相比之下过于短小者，表示此人在升迁发展中难有前途，如要自行创业，则如扶不起之阿斗，必然破败百出，赔钱又惹祸。

3. 鼻小面大

鼻小面大，或鼻瘦面形肥的人，不能独当一面，否则一生多败，财难入库，劳多获少。这种人如改行从事军公教职则也难掌正权，并往往会把功劳归于他人，过错则归于自己，受人欺压而又一筹莫展。

4. 鼻孔大

如鼻子小而鼻孔大，或者鼻翼很明显地一大一小，表示这种人的情感理智和理财观念有问题，容易意气用事，一生破败少成，难聚钱财，最迟50岁后必贫穷度日。

5. 大而挺

鼻子很大，鼻梁骨很高挺，这样的人很幸运，关键时候总会有贵人帮助，加上自身的努力拼打，很容易就会成就一番事业。

6. 酒糟鼻

这种鼻子外形很难看，并且发红，这种人心里常常隐藏难以言说的痛苦，身体健康度较为一般，做事情往往也没有条理，很难为他人认同。

人们通常把拥有硕大、有力的"高鼻梁"的鼻子看成是有势力的人物或者凛然不可冒犯的人的象征："他生着一副追求权势的鼻子"。"专横"一词来源于"神圣罗马帝国"，与"罗马"鼻子有关。

此外，稍微有点大的鹰钩鼻其形状就像老鹰嘴一样，鹰是身着羽毛的动物王国中身体最大、最凶猛、最有力的鸟类之一。鹰是美国的象征，这可能是为了表示力量。我们还可以看到澳大利亚的象征是双鹰。

总的来讲，男人的鼻子比女人的要大。如果某个女子的鼻子下巴特别大，那很可能是由于体内的睾丸酮成分过多的缘故，而且可能具有争强好斗的性格。

人们通常认为漂亮、娇柔的女子是以漂亮的小鼻子为特色的——翘起的狮子鼻、纽扣形的鼻和上翘的翘鼻子。

但是，目前并没有普遍证明生有狮子鼻的女子就缺乏争强好斗的精神或竞争实力。你可能注意到某些女性高级官员、女性政治家和女性社会活动家，她们长着的就是一个小鼻子，但是其自尊心和能力都很强。同样，也没有证据证明鼻子大的女子，其能力或人格就一定很强。

四、鼻子大代表能力强吗

一般来说，鼻子所传递的远远不如眼睛和嘴丰富，但也能提供给我们若干的身体语言信息：除了皱鼻子之外，还有歪鼻子，这表示不信任；鼻子抖动是紧张的表现；鼻孔张合代表发怒或者恐惧；哼鼻子则含有排斥的意味；

嗅鼻子是对任何气味都有的反应。

思考难题或者极度疲劳的时候，人们会用手捏鼻梁；特别无聊或者遇到挫折的时候，则常用手指挖鼻孔。这些触摸自己鼻子的动作，都可视为自我安慰的信号。

如果有人问我们一个难以答复的问题，为了掩饰内心的混乱，勉强找出一个答案应付时，手会很自然地挪到鼻子上，摸它、捏它、揉它，也许还可能特别用力地挤压它，好像内心的冲突会给精巧的鼻子造成压力，而产生一种几乎不为知觉的瘙痒感，以至于我们的手不得不赶快来救援，千方百计地抚慰它，想要使它平静下来。这种情形常见在不会撒谎的人的面部表情上。

考虑难题时会捏一捏鼻梁，这个动作可能也是基于相同的理由，鼻梁下的鼻窦部位由于紧张会产生轻微的痛感，用手指捏一捏鼻梁可以减轻疼痛，或至少是对疼痛的一种反应。

鼻子并不是特别可靠的人格的"指南针"。尽管如此，鼻子这一部位也是富有表情的，而且也的确能提供一定的性格特质的线索——尤其是有些人想掩饰的那些特质。

我们可以通过鼻子的微小变化解读到更多的面部表情，从而使我们进一步掌握更多不为人知的身体语言信息。

不张嘴，也知其心

嘴能发出声音，是我们与外界交流的一种主要的器官。医学研究发现，从人嘴的大小、弹性，可以显示出一个人的健康程度、行动力与生命力。此外，嘴部的惯常动作，也往往能影响一个人先天形成的嘴形，因此，我们也能从嘴形看出一个人的内心思想。

一、嘴的类型

嘴按照形状来分,可以分为以下几种类型,这些类型的嘴代表了不同的内心思想。

1. 仰月形

仰月形嘴也称新月嘴,唇角上扬,这种人性格开朗,情感丰富,有幽默感,性格温厚。同时,思路清晰,头脑灵活,意志力强,工作实践能力强,所以他们总是能很快地找到自己合适的工作,让其他人感觉很羡慕。

2. 伏月形

此种嘴型唇角下垂,拥有此种嘴型的人性格谨慎,但有些冷峻,脾气怪异,和人不太容易相处,并且好怨天尤人。其实这种人怀有很强的体贴心,只是因为其怪异的性格而令人难以琢磨。因此,这种人的人缘不是很好,总是独来独往居多。

3. 四字形

此种嘴型似长方形四字一般,上下唇均厚。这种人个性强,老实忠厚,有正义感,性情温和。拥有这种嘴型的人在工作方面有文才,头脑好,是一种比较容易成功的嘴型。

4. 一字形

上唇与下唇紧闭呈一字形,是一种有信念、意志力强的体现,也是身体健康、认真中有点顽固的标志。

5. 修长形

嘴形修长,具有性格明朗、诚实守信的好人品,懂得人情世故,社交能力强,是一个个性圆满的形象。

6. 承嘴形

承嘴是下唇突出,似乎是承住上唇一般。这种人爱讲歪理,并且猜忌心重,任性自私,因此也较难得到上司的赏识和提拔,唯一的优点就是忍耐力强，能够忍别人所不能忍。

7. 盖嘴形

盖嘴是上唇突出，盖住下唇的嘴形，正好和承嘴相反，而其代表的性格也与承嘴所代表的性格相反，拥有这种嘴形的人讲道理、有义气、个性强，有着比较完美的人格形象。

8. 怪嘴形

怪嘴形好比用嘴吹火般的嘴形。这种人个性很强，有独立的性格，但不免有时候粗野、顽固，并因此影响人际关系，多好说闲话，因此与别人的纷争也不会太少。

二、嘴的动作与嘴的变化

嘴型虽然不能很完全地表露一个人的内心世界，但既然口被称为是"出纳官"，就有着一定的道理，在根据嘴型进行判断的时候，最好能结合嘴的变化，这样会看得更准。

薄嘴唇的人一般意味着其为人吝啬，具有严谨或固执的特点。

厚嘴唇的人通常被认为是乐观的。为什么这么说呢？这是有合乎情理的解释的。口轮匝肌的运动对嘴部的形状有很大的影响作用，嘴唇丰满就是由于习惯性地放松口轮匝肌的结果。这种放松是性格开朗、为人爽直随和、接受能力强的人的要素之一。

如果厚嘴唇象征着为人比较热情的人格的话，那么绷紧的或薄的嘴唇则象征着为人严谨，这种嘴唇是由于经常地绷紧口轮匝肌的结果。如果一片嘴唇绷紧而另一片嘴唇松弛丰满，这很可能表示此人具有相互矛盾的性格因素。

我们可以把嘴部周围肌肉的收缩看成可能是担心上当受骗，希望抵挡住外界干涉的一种信号。在这样的人中，他们的"上唇总是绷得紧紧的"，其目的是为不受自己的感情影响或他人的感情影响。而那些唇部始终丰满的人很可能是继续渴求获得享受。

绷紧卷曲的嘴唇常常与残忍或严厉,以及盛气凌人的性格有关。卷曲的上唇就像许多动物准备攻击时所表现的那样露出牙齿,是一种条件反射的反应的结果。雪莱描写奥齐曼迪亚斯的诗——《王中之王》中描绘了这位古代帝王的残酷无情,并提到从发掘出来的他的铸像上那卷起的嘴唇无声地告诉人们他曾经有过的残暴无情的行为。

常见的对嘴部所作的那些各种不同的描绘为了解人格提供了合理的线索。"Meanly-mouthed"(说话时过分注意选择字眼)指的是一种软弱的形象,表示出一种软弱、畏缩躲闪的行为。一张"易怒的、生气的"的嘴,其嘴唇习惯性地向外突出,这种嘴常常是一种忧郁性格或病态性格的信号。下垂的嘴唇和两边嘴角下垂意味着这是由于长期的悲观厌世、生气、不愉快的结果。与之相反的是那种乐观、活泼的性格,两边的嘴角通常是上扬的。

对平时有用力抿嘴习惯的人,我们通常这样形容,说他们就像一匹受到控制而过度急躁的赛马在"用力摩擦佩带的马嚼子"(这种抿嘴动作可能是进行口头攻击和不耐烦的信号。这种人一旦失去控制,可能会表现出"放荡不羁的行为")。

当嘴唇"发白"时,就像在莎士比亚的《朱利叶斯·恺撒》中所描绘的那样:他那懦夫的嘴唇顿时毫无血色。"无血色"的嘴唇能表示一个人缺乏性感或精神,或是表示一个人内心残忍;有些人在绷紧嘴唇时,往往迫使嘴唇上的血液被挤压到别处(只有在很少的例子中,是由于血液循环问题而不是性格问题)。

三、嘴形所透露的喜悦和无奈

有人说:嘴巴不出声也会"说话",可见嘴巴不仅是用来表达有声语言的,它同样也可以表达丰富的肢体语言。

嘴唇闭拢表示的是和谐宁静、端庄自然。

嘴唇半开或全开则是表示疑问、奇怪、有点惊讶。

嘴唇全开一般表示惊骇。在人际交往中，除非我们是为了沟通谈判的需要，否则不要轻易出现这种嘴部动作。

嘴角上扬，这表示的是善意、礼貌、喜悦的意思。在人际交往中，这种身体语言特别会让对方感觉到我们的真诚和善解人意。

嘴角下垂通常表示的是痛苦悲伤、无可奈何的神情。

嘴唇撇着，一般都是表示生气、不满意的意思。这种表情在正式的场合出现，会被认为是不尊重对方的表现。

嘴唇紧绷，多半是表示愤怒、对抗或者决心已定。而故意发出咳嗽声并借势用手掩住嘴是表示"心里有鬼"，有说谎之嫌。

四、嘴唇所透露的性格信号

说到嘴巴就不能不说嘴唇，因为它们是无法分开的。在平时观察一个人的时候，我们也总是会先看到他的嘴唇。所以说，一个嘴唇的形状、厚薄、颜色对于我们的观察都是相当重要的。

一个人的嘴唇应该是红润有光泽的，而且应该上下对称。如果一个人的嘴唇非常小，又经常收缩，同时又有缺陷，比如两片嘴唇不对称，颜色不好，或青、或白都是不好的，不是这个人的健康有问题，就是他的饮食习惯和作息不规律，这些归结起来都是由一个人生活不规律所造成的。

我们也可以从一个人嘴唇的形状来看他们的人生。

一般说来，嘴唇厚的人多是富贵长寿之相，而且富于艺术天分。但嘴唇太厚也不好，太厚则走向了贫乏的极端，嘴唇过厚的人，又表示其个人欲望太强。

嘴唇较薄的人的性格多是好辩的而且伶俐机警，外刚内怯，沉着冷静，但他们多是薄情之人。

嘴唇长得比较长的人的好胜心非常强，而且非常现实，但这也说明他们的能力较强。

嘴唇短小的人一般都非常富于理想，但是却缺乏果断力，常常犹豫不决，易于动摇。

嘴唇两端下垂的人都非常的抑郁、悲观、消极、脾气古怪、易怒、固执，这样的人很难相处。

古人将嘴唇分为樱桃口、方口、吹火口、覆船口等，下面我们根据前人的总结叙述其特征与所代表性格，仅供读者参考。

樱桃口是属于女性的，代表着她们的性格中爱美、温柔多情的一面。

方口是属于男性的，口的形状有点四方，嘴角两齐，这种人能力强，重实际，好享受。

吹火口是口如吹火，这种人能力弱，缺乏果断力，一生孤苦不依。

覆船口的唇两端低垂，口如覆船，这种人奸猾，贪心，性狠。

仰月口唇的两端上翘，口如仰月，这种人乐观，不平凡，常能一鸣惊人。

当我们观察他人的口唇时，还有一个地方很能表示一个人的个性，那就是鼻子下直到上唇边的一道直沟。直沟短的人，表示这个人非常喜欢受到夸奖，而且是一个极敏感的人。对于这种人，夸奖是最好方法。千万不可批评或责备他，因为他是一个极敏感的人，即使我们是善意的，他对于我们的批评或责备也会觉得很难堪，反而产生恶劣的结果。

直沟长的人，他们常常怀疑人们的夸奖，虽然这并不代表他们不喜欢夸奖，但他们总认为人家对他的夸奖，是另有用意或有所求。这种人有一个优点，那就是他从不归咎别人，对这种人，不必处恭维他，可给他一点公正的批评，但不可故意吹毛求疵。假如我们具有这种特征，我们也应该知道自己的弱点——太多疑了。直沟长的人较少，大部分人的直沟都是不长的。因此，假使我们没有把握辨认这点的时候，我们最好要多夸奖、少批评他人。

五、嘴部的小动作

有这样一个游戏——贴嘴巴，在不同的脸上贴上不同表情的眼睛和嘴巴，然后观察其中的新表情，不同的搭配当然有着不同的表情，可是同一个眼睛的表情搭配不同，嘴巴表情后，结果让人大吃一惊。人们总以为，眼睛是一个人情绪的全部表现，其实不然，嘴巴也是重要的表现工具。

嘴巴有四种基本的运动方式，张开闭合，向上向下，向前向后，抿紧放松，可以画出多种嘴角弧度，不同的嘴角弧度也形成了不同的嘴部动作。而这些丰富的嘴部动作，也反映出了一个人的性格特征和心理态度。

嘴巴动作中最典型的是笑，这是人类最美丽的动作，也是最能观察对方情绪的一个动作。不同的人有着不同的笑法，嘴部的动态也会有所差异。

从笑的特点来分析一个人的性格。

狂笑，嘴角猛向上方翘。这种人精于社交，性情温和，能让对方感到亲切，具有冒险精神和积极的作风，乐于助人。这种人最适合做秘书工作，善于处理繁杂事务，越繁杂反而觉得越有趣。

开口大笑，嘴角成平。这种人的性格粗犷，不拘小节，行为大方。但缺乏一定的耐心，一遇到困难，就知难而退，容易让人产生做事虎头蛇尾的误解。这种人可能会在经商方面有所建树。

微笑，嘴角稍下垂。这种人性格内向，不善言语，与人交流存在一定的困难，但注意细节，喜欢对对方言语进行分析，唯一不足的就是做事时常半途而废，也因此难达愿望。但他们在手工艺、缝纫等技能方面很拿手，外语亦佳。

眯眼笑，笑时嘴角向下，几乎不开口。这种人的性格倔强固执，对周围人不够坦诚，有时明知其事但假装不知而不与人语，也往往因为这个而吃亏。性情不算和气，一旦不悦即大发脾气。这种人多才多艺，有理想、有抱负，但不愿与人合作行事。

这仅仅是从"笑"这一个动作来观察，当然不是非常全面。下面，我们从自然状况下嘴角弧度来判断一个人的性格和内心世界。

嘴抿成"一"字形的人，其性格坚强，是个实干家的形象，交给他们的任务一般都能圆满地完成，并因此而得到上司的赏识，有较多的机会得到升迁和提拔。

喜欢把嘴巴缩起的人干活认真仔细，是一个好帮手，但不适合做领导，因为疑心病很重，不容易相信下属，往往有后院起火的危险。另外，这种人还容易封闭自己。

嘴角稍稍有些向上，这种人头脑机灵，性格活泼外向，心胸也比较开阔，能与人很好地相处，很随和，是一个标准的绅士。

交谈时嘴唇的两端稍稍有些向后，表明他正在集中注意力倾听谈话，这种人意志不太坚定，容易受外界的影响，并且也有半途而废的危险。

下嘴唇往前撇，表明他并不相信对方所说的是真实的，并且他还想立刻找到证据来反驳你的理论，直到对方承认自己说的是假的为止。

上下嘴唇一起往前撇的时候，表明此人的心理可能正处在某种防御状态。

嘴角老是向下撇的人性格固执、刻板，并且内向，不爱说话，很难被说服。

在交谈时，用牙齿咬住嘴唇，或是喜欢双唇紧闭的人，说明他正用心地倾听另外一个人的讲话，也可能是在心里仔细地分析对方所说的话，然后跟自己作个对照，也可能是在认真地反省自己。

说话时以手掩口，在女性中比较常见，此种人性格较内向、保守，甚至有点自闭，不敢过多表现自己。如果对方是个陌生人，还表示对对方存有戒心，或者在做某种自我掩饰。

口齿不清，说话比较迟钝的人可以分两种情况来分析。一种是语言能力确实不够出色，并且在其他各个方面的表现也相当平庸，这样的人若想获得很大的成就，不太容易。另外一种是他们仅仅是语言表达不精彩，而且也不喜欢表现自己，但往往能够一鸣惊人，这说明这些人在某一方面或某几方面有比较出众的才能，只要努力，就能很快成功。

时常舔嘴唇的人很可能压抑着内心因兴奋或紧张所造成的波动，因此他们常口干舌燥地喝水或舔嘴唇。

清嗓门且声音变调，说明这些人对自己的话根本就没有把握，他们只是在发表自己的观点，况且这种人具有杞人忧天的倾向。再者，如果男性出现咬住烟头，用唾液加以润湿的动作，是心理不成熟的表现。

眉宇间的心情体现

眉毛是眼睛的"卫士"，是一道天然屏障，对眼睛有很好的保护作用。同时也能丰富人的面部表情，双眉的舒展、收拢、扬起、下垂，可以反映出人的喜、怒、哀、乐等复杂的内心活动。

一、眉毛的光亮与浓淡

曾国藩说："眉崇尚光彩。"好的眉毛表现在四个方面，即"清秀油光""疏爽有气""弯长有势""昂扬有神"。也就是说，眉毛应该有光、有气、有势、有神。在这四个方面，"清秀油光"显得最为重要。通常情况下，年轻人的眉毛都比较光润明亮，而老年人的眉毛往往比较干枯而且缺乏光彩。这就是因为年轻人生命力旺盛，而老年人生命力开始衰退的缘故。

眉毛的光亮可以分为三层：第一层是眉头，第二层是眉中，第三层是眉尾。层数越多，给人的印象越好，得到他人的提携也就越多，成功的可能性也相对的越大。因此人们都把眉毛有光亮的人认为是运气特别好的人。

粗眉的人较男性化，性情积极而好冲动；细眉的人比较女性化，性情消极,优柔寡断。新月眉看起来漂亮,但若是男性长了这种眉毛,他的性格一定比较懦弱。此外,粗眉的人往往会得到双亲的庇护。

眉梢比外眼角长的人,会体谅别人并具有雅量,经济上比较充裕。眉毛短的人与双亲缘分较薄,夫妻之间的缘分亦极浅。

浓眉的人运道很好,不论他们处于哪种阶层,都能一直十分活跃。但如果眉行过浓的话,便有高傲、狡猾的趋向,往往是自我中心主义者。相反,眉毛稀少的人性情较稳健,知识较丰富,但这种人缺少进取心与方向性。有些人眉毛稀少,是由于秃发并发症造成的。这种人只要能连续吃1~2个月的生蔬菜食(将五种以上的生蔬菜的菜根及菜叶各取一半,绞碎后食用),中午和晚上各吃一次,便会逐渐长出浓密的眉毛。

二、结合中医与心理学识别眉型

很久以前,我们的先人就懂得利用眉毛来看一个人的性情。

《黄帝内经》中说:"美眉者,足太阳之脉,血气多;恶眉者,血气少也。"由此可见,眉毛的长粗、浓密、润泽,反映了足太阳经血气旺盛与否;眉毛浓密,说明其肾气充沛,身强力壮;而眉毛稀淡恶少,则说明其肾气虚亏,体弱多病。

从中医学角度来看,一个人的眉毛代表着内分泌系统和肝、肾系统的状况;而肝脏及内分泌(荷尔蒙的分泌),恰好是影响一个人性情的最主要生理因素,因此,从眉型可以看出一个人的性情好坏。

眉梢往上及眉梢往下。眉梢往下的眉毛通常被称为"八点二十",这种眉毛的人富有同情心,热心助人,同时也是个老好人。即使受到别人的捉弄,他们也不想去报复。这种人大多数在40多岁时会受点苦,但他们做事会善始善终。眉梢往上的人,自尊心与个性均极强,一向拒绝妥协,缺少亲和力。这一点既是他们的长处,也是他们的短处。当需要豪气和果断时,他们能迅速地施展其手段而崭露锋芒。这种人往往会得到别人的敬仰。眉梢往上或往下的人，哪一种会获得成功呢？这要视环境与命运的要素而定，不能一概而论。

柳叶眉和一字眉。柳叶眉的人性格温柔而且有智慧，能够孝敬父母，与兄弟和睦相处。一字眉的人性格坚强，行动比较男性化。有较宽的一字眉的人具有胆识，而有较窄的一字眉的人却较固执和缺乏耐力。另外，这种人心思比较深，通常为智慧型的犯罪者。

近眼眉和远眼眉。眉毛与眼睛相距较近的人，做事较沉不住气，同时大多比较阴险，家庭中风波不断，而且往往只见到眼前利益，而不能考虑长远。眉毛距离眼睛较远的人，性情比较温和，而且显得气宇轩昂，是长寿之相。

眉间宽与眉间窄。左右两眉的间隔较宽的人，较稳重而且长寿，因为他肚量大、视野广，对任何事情都不会过分计较。而印堂狭窄的人却恰恰相反，中年时易得上大病。

眉毛的排列。眉毛按同一方向排列而又有光泽的人非常幸运，为人也十分诚实。如果眉毛排列非常紊乱，生长的方向又不一致，这种人言行不一致，大都是伪善的人。

三、眉毛的"动作"透露心理信号

眉毛也具有表情的功能，可以更加充分地展示我们内心深处的感情变化。过去曾有人认为眉毛的主要功用是防止汗水和雨水滴进眼睛里，其实不然。眉毛本身是有这种功能，但更重要的还是能传递肢体语言。

每当我们的心情改变，眉毛的形状也会跟着改变，这可以被称为"眉毛的动作"。眉毛的动作所产生的重要信号有以下几种。

1. 低眉

当人们受到侵略的时候通常呈现出这种表情，因为这是一种带有防护性的动作，通常只是要保护眼睛，免受外界的伤害。

很多人都把一张皱眉的脸视为凶猛的象征，而很少想到那其实和自卫也有关系。而一张真正带有侵略性的、无畏怯的脸上，呈现的反而是瞪眼直视、毫不皱缩的眉。

2. 皱眉

皱眉可以代表很多种不同的心情。例如，惊奇、错愕、诧异、快乐、怀疑、否定、无知、傲慢、希望、疑惑、不了解、愤怒和恐惧，等等。

皱眉的情形包括防护性和侵略性两种。防护性的皱眉只是保护眼睛免受外来的伤害。但是光皱眉还不行，还需将眼睛下面的面颊往上挤，眼睛仍睁开注意外界动静。这种上下挤压的形式，是面临外界攻击、突遇强光照射、强烈情绪反应时典型的退避反应。至于侵略性的皱眉，其基点仍是出于防御，是担心自己侵略性的情绪会激起对方的反击，与自卫有关。真正侵略性的眼光应该是瞪眼直视、毫不皱眉的。最常见的皱眉，常被理解为厌烦、反感、不同意等情形。

眉头深皱的人，一般都是很忧郁的。他们基本上是想逃离目前所处的境遇，但却经常因为某些原因不能如此做。如果一个人大笑的同时皱眉，说明这个人的心中其实是有轻微的惊恐和焦虑，他的眉毛泄露出明显退缩的信息。虽然他的笑可能是真的，但无论他笑的对象是什么，都给他带来了相当的困扰。

3. 眉毛一条下降、一条上扬

这样的形态所传达的信息介于扬眉与低眉之间，一般表示一个人激动的同时又有恐惧的心理。而尾毛斜挑的人，心里通常处于怀疑的状态下，因为扬起的那条眉毛就像是提出的一个大大的问号。

4. 打结的眉毛

一般是指两条眉毛同时上扬及相互趋近。这种表情通常预示着严重的烦恼和忧郁，比如一些患有慢性疼痛的患者就会经常如此。而急性的剧痛产生的是低眉而且面孔扭曲的反应，较和缓的慢性疼痛就会产生眉毛打结的现象。

5. 闪动的眉毛

眉毛先上扬，然后在瞬间内再降下来，这种闪动的快速动作，是看到熟人出现时的友善表情。

6. 双眉上扬

如果一个人在谈话的过程中将双眉上扬，则表示出一种非常欣赏或极度惊讶的神情。

7. 单眉上扬

一条眉毛上扬，通常表示不理解、有疑问的意思。

8. 眉毛迅速上下活动

这样的动作和闪动的眉毛很类似，一般说明一个人的心情愉快，内心赞同或对你表示亲切。

9. 眉毛完全抬高

这表示出的是一种他"难以置信"的神情。

10. 眉毛半抬高

表示他"大吃一惊"的神态。

11. 眉毛半放低

一般这样的动作都用来表示他"大惑不解"。

12. 眉毛全部降下

表示的是他"怒不可遏"的状态。

13. 眉头紧锁

表示这个人的内心深处忧虑或犹豫不决的状态。

14. 眉梢上扬

这表示有喜事降临的意思。

15. 眉心舒展

表明这个人的心情坦然，处于愉快的状态中。

看脸型，辨别对方

第一眼看到一个人的脸时，你会首先打量哪个部位呢？眼睛、鼻子，还是眉毛？你先看脸型就可以了。虽然一个人的脸型和遗传有很大的关系，但是先天的脸型随着后天的生活状态、社会环境、个人经历的不同，也会发生较大的变化。心理学家通过大量的统计资料研究发现，成年人的脸型在一定程度上可以反映出一个人的某些性格。

一、九种脸型

心理学家把脸型分为以下九种类型，每种脸型都代表着一种性格特征。

1. 方形脸

方形脸共分成两种。一种是轮廓相当明显、下颚宽大的方形脸。这种脸型的人脸庞方而大，有棱有型，给人深富男子汉气概的印象。他们做起事来胆大过人，喜欢冒险犯难，凡事草率鲁莽，思考欠周详，容易得罪人，是属于有勇无谋的类型。这种人思考问题、做事方式总是采取单线、直线模式，缺乏协调和迂回空间。他们判断事情也常流于表面、肤浅，看不到隐藏的忧患。在人际关系的处理方面，这种人可以说是爱憎分明，喜怒刻印在脸上的典型。他们往往只和有好感的人亲近，对于讨厌的人总是摆一张臭脸。另外，这种人运动细胞发达，很少有运动能难倒他们的。

另一种是轮廓明显、五官端正的方形脸。这一类型与上一类型的差别，主要在于下颚，这一类型的下颚线条较柔顺。这种人凡事崇尚中庸，做事的过程中既不破坏传统秩序，又极富弹性。他们能力卓越，眼光远大，是典型的领导人才，具有应付变局，扭转乾坤的能力。这种人脑筋聪明，富于机智谋略，举止大方稳重，待人诚恳，颇有威望。他们处世有自己的一套原则，稳定度高。上司交代下来的工作，他们会尽全力办妥。对于现实、理论两方面，他们有办法兼顾，生活中既有朝气，又十分讲究平衡。

2. 圆形脸

这种脸型肌肉厚实而浑圆，有这种脸型的人性格如脸型一样温和圆滑，他们好相处，待人亲切，社交能力较强。因为这种脸型的人总是很乐观，对一切都感到安然惬意，所以这种人永远是和气、有趣、可亲的。不过在坚持自己观点方面有点固执，甚至有点任性，还有点自扫门前雪的个人主义。如果是男性有这样的脸型，那么他在金钱方面有点靠不住。

公关专家建议，和这种人交朋友最应该注意的就是要成为对方的忠实听众，特别是当对方是女性时，如果你想给她留个好印象，在对方说话的时候，千万不要插嘴，否则你将前功尽弃。

这种人有着很好的协调性，如果不是涉及很大的问题，一般很难拒绝他人的请求，如果是公司上司，那么一定是个好上司，深受员工爱戴，不足之处就是有时会言而无信。

3. 椭圆形脸

椭圆形脸，也就是平常说的蛋形脸，特征是下颚带着圆弧感，额头清晰而广圆，如果是女性的话，一定是个美人胚子。

这种脸型的人有着很好的顺应性，女性即使身为职业妇女也能很好地照顾家庭和工作，做到两不相误。而且这种脸型的人富有理性，是个理性主义者，即便是在混乱的场面，也不会像其他人一样惊惶失措，能镇定地告诉别人该怎么样去做。他们的情绪很少有波动，是一个值得信赖的人。不过，他们的感觉比较细腻，会把一件小事放在心上保留很久。

对于钱财，他们往往公私划得很分明，并以此为信条，因此在和别人交往的时候,绝对不允许别人有贸然的行动,如果你执意不听劝告而贸然行事,则会引来对方的厌恶。

这种人工作努力,思想活跃,有着很好的创造力,并且自尊心很强,不容易受他人的影响,缺点是耐力不足,往往半途而废。

如果这个人正好是你的上司,那么,你能够做的就是抬举对方并认可他的存在。

4. 四角形脸

这种脸型方正,宽大的下巴和发达的脸颊骨是这种脸型的主要特征。这是运动员常见的脸型。

这种人对任何事物都表现出积极的态度,意志坚强,即使碰到很大的困难也能很快振作。他们性格外向,富有行动力,正义感强烈,不喜欢迁就,绝不委屈自己,因此缺乏一定的通融性;对于已经决定的事情一定坚持到底,异常执著,容易与人有冲突,不过很讲义气,有人相求的话能鼎力相助。或许是性格原因,这种人的人缘往往并不是十分好。

5. 细长形脸

脸型长,下巴呈四角形,而鼻子和口就显得小,这种人对细微琐事考虑得比较周到,对研究有一定的热忱,擅长与人交流,如果有一技之长,那将是他最好的职业。对人谦恭、周到、有礼貌,乍看起来通情达理,其实很难表达清楚自己的心意,因此在与人交往时会造成一些麻烦。他们在追求理想方面拥有极大的想象空间。

这种脸型的人最大的缺点便是点子虽多,实现之日却遥遥无期。

6. 本垒形脸

本垒是棒球运动中的一个术语,运用到脸型描述上,指的是颧骨到下巴的线条非常明显,体格健壮带有阳刚之气。

这种人对研究有独特的热心和耐心,但实际上并没有特殊的好恶,和任何人都能打成一片。

这种人对他人很体贴并富有同情心，然而却很少表露自己的感情，因而给人一种好相处的感觉，也因此受到大多数人的喜欢。不过这种人有时也会受人误解而无法向自己喜欢的异性开口表白，甚至不敢碰异性朋友的手。

如果男人是这种脸型，作为他的女朋友或者妻子，千万不要担心他会拈花惹草，他一定只对单一的女性钟爱。

相反，如果女性是这种脸型，作为男人的你就要注意了，她对性的态度比较开放，喜欢和男性成为朋友。

7. 混合形脸

这种脸型的特征是脸孔整体有棱有角，或变形、额头小、颧骨宽大的人。

顽固、不服输是他们的主要特点，伴随这些的还有神经质，爱慕虚荣，但他们不是一无是处，他们在任何一个方面都很有兴趣，况且不管做什么都超出一般的水平，因此往往令人搞不清楚他的正业和主攻方向。

他们最适合的职业是：政治家、影视明星或者秘书。

如果这种人能碰到志趣相投的人会与对方相处融洽，然而只要有一点不满就会全盘否定对方。

8. 三角形脸

他们的脸胖，脖子较为粗大，整张脸经常红彤彤的，显得血气旺盛的样子。

这种人紧张，感觉敏锐，具有好动、静不下来的外向性格。他们体力充沛，节奏快，而且可以吃苦耐劳，身体的韧性一流。他们的身体颇为强健，很少有水土不服的情况，体力的恢复也比较快，他们总有法子在搭乘好几个小时的长途飞机后，立即投入工作。

这种人在人际场合中很吃得开，属于长袖善舞、八面玲珑的典型。不过，他们交朋友的目的明确，所交往的朋友也局限于工作上的关系，他们很会因实际需要选择朋友，很会利用朋友的"附加价值"，来赚钱或发展自己的事业。几乎只有一面之缘的人，都会被记入他们的资料库中，成为日后的合作伙伴。

这种人做事非常积极、热情迫切、敢冒险、大胆、行动快如闪电。他们有实践能力，颇富开拓性。这种人当老板的话，身旁一定要有值得信赖且具分析力的幕僚为他运筹帷幄，才能成事。

9. 倒三角形脸

额头宽，脸型随着往下巴的方向慢慢变窄，形成倒三角形的脸孔。

有这种脸型的人和他的身体有关，他的身体多半也是细瘦、娇小的体形。他们做事多半一丝不苟，有洁癖。他们有很强的虚荣心，喜欢受人瞩目，同时也很关心引人注目的事物；具有贵族化的嗜好，对戏剧、优雅的东西充满憧憬，但如果不能遂意，也会有焦躁的举动；性情中有优柔寡断的一面，还有细腻而浪漫的一面，多数人带有难以接近的气质，因而使人感觉难以相处。要接近这种人必须以浪漫而富有幻想色彩的话题作为交际的润滑剂。

二、左脸流露真情

我们常常可以在广告牌上看见电影明星或模特儿的侧面广告，那些人物广告和海报似乎都是左侧面！若为右侧面又如何呢？

例如，有人拿张无意义的相片给你看，借此判断你性格的特征，你很容易被脸的左方所吸引。再比如一张脸谱照片，左边为生气的表情，右边为微笑的表情，你看过后，会被左边生气的表情所吸引，并形成一种不易磨灭的深刻印象。

据科学家们研究，发现其原因是眼球本身的右侧（对方眼球的左侧），容易造成移动，故人的观察视觉比较容易集中在对方脸部的左侧。

配合眼球的活动，感情在脸部的左边比较容易显现出来。如果用脸的同一边所合成的照片来看,左脸比右脸感情的流露较为明显,如果你无法抓住对方心理时,下意识地看看他脸部的左侧,大致可窥知一二。

三、脸部的表情

日本著名小说家芥川花之介曾写过一则短篇小说《手帕》。故事的主角是一位刚失去小孩的寡妇。原以为她是很伤心的,可是却看不出她表情特异之处。然而,在无意间,瞥见桌上手帕揉得很乱,才知道她刚刚哭过了。她不愿说出,却在不经意的细节上流露了出来。这便足见人的本性是很容易在细节上被看出来的。

脸部的表情最容易显现出人的心理状态,人对脸部以外的四肢活动,反而较少在意。若要看出对方隐藏的个性,可观察其细微的动作来印证。

有一次,小刘和小马在聊天,小刘发觉小马似乎与平时不一样,仔细留意才发现:小马虽然在微笑,但在桌下的手脚却不时颤动,而此举与谈话内容并无关连。由此,可证明人的本性还是容易由小动作流露出来,明明心中有所牵挂,却不愿承认。

某一实验证明,看照片时注意脖子以上,或脖子以下及全身时,有下列不同的表示:

(1)只看脖子以上的人,容易表示友善的态度,个性开朗豁达,感情丰富,也很细腻、重义气,让人觉得老实、体贴。

(2)只看脖子以下的人,时常紧张、神经质,做事并无主见,常常无助与迷茫。

(3)注意身体全部的人,善变、敏捷,具有活跃性。

总之,看照片时,只看脖子以下的人,比较容易洞悉对方的为人,只看脸的人,容易被照片的影像所蒙骗,看人反而不准。

当年,"水门事件"中的尼克松总统一边回答记者提问,一边随手抚摸自己的脸颊和下巴。这些微妙的动作在以前不曾有过。尼克松总统的身体语言已是一份"供词",表明了他与"水门事件"大有牵连。

四、他人之心在脸上

传说韩愈在潮州做官时,有一天出巡,在街上碰见一个和尚,面貌凶恶,特别是翻出口外的两颗长牙,韩愈很讨厌他,想回去好好收拾他。韩愈回到府,才下轿,看门的就给他一个红包,里面是和尚的牙齿。韩愈想,我想敲他的牙齿,并没有说出来,他怎么就知道了呢?后来韩愈才知道,他就是潮州灵山寺有名的大颠和尚,是个学问很深的人。

无独有偶,西方也流传着一个有趣的小故事,讲述的是同样的道理:

创立了原子论的古希腊哲学家德谟克利特,被后人誉为唯物论的鼻祖。有一天,德谟克利特在街上偶然遇见一位熟识的姑娘,德谟克利特和她打了一声招呼:"姑娘,你好!"

第二天,德谟克利特再一次碰到与昨天同样打扮的那位姑娘时,却这样招呼道:"这……这……太太,你好!"一语道破之后,他便转身离去。

一夜之间成为"太太"的那位姑娘被德谟克利特看穿时,脸上恐怕要涌上害羞的潮红了。那么,德谟克利特是如何看穿那位姑娘"一夜之间变成太太"的呢?这是他仔细观察那位姑娘的脸色、眼睛的活动情况、面部表情及走路的姿态等一系列举止后得出的结论。

据说,德谟克利特有时正吃着鲜美可口的瓜果,会突然从房间里跳出来,跑到地里去搞清楚瓜果为什么这么好吃。他因为具有如此极强烈的探索精神和敏锐的观察力,所以才会具有如此神奇的本领。

这两个故事告诉我们:在高明的人看来,每个人的脸上都挂着一张反映自己肉体和精神状况的明细表,能够反映出每个人的性格,因而通过脸来判断人的性格是切实可行的。

五、脸是情绪和性格的晴雨表

如果让一个天真质朴的儿童来画一个人,无论他画的是火星人还是章鱼人或是其他什么怪诞的人，他一定会先画出脸，尽管他可能会画出没有脖子的人，但是绝对不会画出没有脸的人。在我们日常会话里，以脸、面代替人的情况往往很多，比如说遇见人，可以使用"拜颜"、"面晤"、"会面"等词语来表示。

中国戏曲中的脸谱，就是以某些角色脸上画的各种图案来表现人物的性格和特征。所以，从某种程度上说，脸就是一张反映个人情绪和性格的晴雨表。

据美国心理学家保尔·埃克曼的研究，面部表情可分为最基本的六种：惊奇、高兴、愤怒、悲伤、藐视、害怕。他发现不管生活在世界上哪个角落的人，表达这最基本的六种感情的面部表情几乎都是相同的。

1966年，他曾把一些白人的照片拿到新几内亚一个处于石器时代的部落中，那里的岛民与世隔绝，以前从未见过白人，但他们都能正确无误地说出照片上白人的各种表情是什么意思。

他还发现，生来就双目失明的人，虽然从未见过别人的面部表情，却能以同样的面部表情来表情达意。科学证明，面部表情是由7 000多块肌肉控制的。这些肌肉的不同组合，甚至能使人同时表达两种感情，如生气和藐视，愤怒和厌恶等。

通过一个人的面部表情可以看穿一个人的心理，看透他是什么样的人。因为每个人的表情后面是他的生活经历、学识修养、心态人格。

我们所说的脸面不仅是指人的长相，主要是指面部表情。人体中的面部是内部统一的表面尺度，同时也是在精神上获得完整的整体美的关键。因为从面部最丰富的精神性表现中，可以看出人的心灵变化。面部结构不可能脱离精神，因为它就是精神的直观表现。面容是精神的体现，也是个性的象征，它与躯体有着明显的区别。面部很容易表现出柔情、胆怯、微笑、憎恨等诸多感情谱系，它是"观察内心世界的几何图"，也是艺术最具有审美特

第2章 表情晴雨表，闪烁中折射人的喜怒哀乐

性的地方。而身体相对于面部，尤其相对于眼睛而言，却居于较次要的地位，尽管它也可以通过动作和造型来表达情感，如手的造型等，但仍然是不足以与面部相比拟的。因为面部与躯体就犹如心灵和表象、隐秘和暴露那样存在着本质的差异。

我们说的"脸色"，也不是指静态的长相，而是指动态的面部表情。面部表情是一种丰富的人生姿态、交际艺术。不同的人的脸色，又可以成为一种风情、一种身份、一种教养、一种气质特征和一种表现能力。比如：脸上泛红晕，一般是羞涩或激动地表示；脸色发青发白是生气、愤怒或受了惊吓而异常紧张的表示。脸上的眉毛、眼睛、鼻子和嘴，更能表示极为丰富细致而又微妙多变的神情。皱眉一般表示不同意、烦恼，甚至是盛怒；扬眉一般表示兴奋、惊奇等多种感情；眉毛闪动一般表示欢迎或加强语气；耸眉的动作比闪动慢，眉毛扬起后短暂停留再降下，表示惊讶或悲伤。

在面部表情上，对于嘴的作用不可轻视。但是，人们大都懂得眼睛很会说话，而对于嘴的作用有点轻视。美国的一位心理学家为了研究眼和嘴表情的作用，将许多表现某种情绪的照片横切之后再综合复制，比如把表现痛苦的眼睛和一张表现欢乐的嘴配合在一起。实际验证后，他发现观看照片者受嘴的表情的影响远甚于受眼的影响，也就是说，嘴比眼能表现出更多的情绪。问题倒不在于嘴与眼相比，谁的表现力更强，而在于我们的嘴不出声就会"说话"。

让我们看看嘴唇的"表情"：嘴唇闭拢，表示和谐宁静、端庄自然；嘴唇半开，表示疑问、奇怪、有点惊讶，如果全开就表示惊骇；嘴唇向上，表示善意、礼貌、喜悦；嘴唇向下，表示痛苦悲伤、无可奈何；嘴唇撅着，表示生气、不满意；嘴唇绷紧，表示愤怒、对抗或决心已定。

可见，面部表情能够传达复杂而微妙的信息，从而让你洞穿对方心理。

在现实中，不是每个人都能像大颠和尚、德谟克利特那样善于从脸部观

察人，这种能力是要通过努力的学习和长期的实践才能得到的，它不是雕虫小技，而是一种极其重要的做人、看人的本领，发现并掌握它，往往能大大地帮助你做一个左右逢源、极受人喜欢的人。

脸颊和下巴的感受

脸颊和下巴这两个部位的配合的确能够给人与众不同的感受。

通常下巴突出的人，具有丰厚的爱情欲望，而下巴凹陷的人，对爱情则十分冷淡，或者对爱情不专一。下巴发育良好的人，其精力绝伦，常常成为带有英雄色彩的人物。

尖而狭窄的下巴，不论男女均有些神经质，在爱情上不尽如人意。他们虽然喜欢与异性共谱恋曲，但是在性生活方面表现冷漠，向往柏拉图式的爱情。

下巴既狭且圆的人，是恋爱至上论的崇拜者。他们会为爱而生，为爱而死。如果是一位男性属于这类型，他在实践能力方面可能会欠缺，不适于从事竞争激烈的财经界。因为这种类型的人头脑较为清晰，最好去从事文字类的工作，或许更有发展。

圆下巴的人，拥有美满的爱情，如果是位女性一定非常顾家；如果是男性，性情一定温和。这种人不仅是恋爱的胜利者，同时由于工作十分热心，也经常身负重任。这种人具有仁爱之心，子女也很贤孝，可以享受一个幸福的晚年。圆下巴的年轻女子，性器官、骨盆等均极发达，因此，生育一般较为顺利。

宽下巴人的性格比圆下巴的人性格要强硬些。他们对任何事物均会彻底加以研究，往往拥有我佛慈悲式的伟大爱情。虽然具有嫉妒心，但也兼有宽容的美德，不会由于激情而毁了自己，他们心中充满了仁义。方下巴的人是行动派，永远不能无事可做。他们的个性常刚毅果断，当他们有了一个意念时，一定会很坚决地一往无前，不论遇到什么困难，都会坚持到底以达到目的。这类型人富于进取心，不论是学者、实业家、政治家、作家等，均能获得极大成功。不过，这种人如果走错了一步，他的性格便会一反常态，甚至去从事破坏性的活动。

方下巴的人是彻底的理想主义者，有时他虽然知道会对自己不利，但仍然有勇气积极行动。有许多男性属于这种类型。在恋爱方面他们也极顽固，一旦产生爱意，就会力排万难，专心一致地努力追求。方下巴的男性中，许多人会被女性全心全意所爱，成为幸运的艳福者。有双下巴的男女，通常爱情深厚，性情笃实，心地宽大。双下巴又称"大黑颚"，这种人财运亨通，他们并无激烈的意欲，也不脱离常规的范围，是比较德高望重的。

下巴也有着细腻的动作表情，虽然极为细腻，但却能左右他人的印象。站在镜子前将下巴抬高或缩起，会产生不同的判别印象。下巴抬高时，胸部及腹部都会突出，有骄恃、自大的样子；反之，将下巴缩起，稍似驼背，个性上显得很懦弱、气馁，若此时观察对方，将会发现其眼球向上翻滚，仿佛怀疑心重。

下巴与四肢组合的姿势也有意义：对动物而言，甲要威胁乙时，为了让乙认为它很庞大，就会将背弓起，此时下巴突出。如果防备他物攻击时，全身会收缩，下巴也一样会缩起。我们仔细观察或逗弄周遭的猫、狗，就可以看出来。

在各种场合注意对方下巴的角度：

下巴抬高：此人十分骄傲，优越感、自尊心强。望向你时，常带否定性的眼光或敌意。

下巴缩起：此人仔细，疑心病很重，容易闭塞自己，对他人发言的内容不易相信。

看看他的唇形长相

了解一个人，也可以看他的唇形，看似有点相面的意味，实则含有深意。

一、双唇微开

这样的人很魅感，富有挑逗性，而且充满热情，对各式各样的罗曼史都来者不拒。他的举手投足都散发出诱人的魅力。他有本事不说一句话，便把整个屋子里的人迷得神魂颠倒。

二、紧闭双唇

这样的人绝对能够保密。他对自己的言行举止都十分谨慎，谨慎到经常显得过度敏感。严肃固执的个性，使他比较喜欢和周围人保持一定的距离。然而，在他内心深处，却存在着无法解除的焦虑，使他长年处在稍显焦虑的状态下。

三、双唇上扬

双唇上扬的人是永远的乐观主义者，能够不屈不挠、面带微笑地对待一切。在他心中有某种宗教或神秘的力量，使他相信事情总会迎刃而解。

四、双唇下垂

和前面所说的正好相反，双唇下垂的人比较悲观。这种人常用挖苦、嘲讽的幽默感，来表示对人间事物的愤慨和鄙视。他可能相当成功，但几乎没享受过成功，因为他小时候曾受过很深很深的伤害；但他没有修复这些伤害，反而让它们曲解了他对人、事、物的看法。

五、厚嘴唇

厚唇的人不爱开玩笑，可能他人第一眼看到，也不觉得性感。但他的体力相当好，对所有的体育活动，都能够全心投入。

第2章 表情晴雨表，闪烁中折射人的喜怒哀乐

六、薄嘴唇

这种人不是一个很好的接吻对象。其实，与其说是他的嘴唇令那些对他有意思的人退避三舍，倒不如说是他吝啬的个性令人提不起精神。他的薄唇，透露出他是一个吝于付出，却乐于接受别人馈赠的人。

通过牙齿透析人心

牙齿不但会影响寿命，同时还会影响到性格。所以应该随时记住它的利害关系，而加以重视。

不美观的牙齿主要有以下几种类型。

一、暴牙

暴牙者以面相来说，大多心直口快，讲话未经思考便脱口而出，观察力不强，所以常常会得罪别人而不自知，所以做事容易忽略细节，相同的错误可能会重复2～3次才能得到教训。

这种人个性上固执己见，以自我为中心，希望得到众人的注意而作出一些过度夸张的举动，若是旁人劝诫，也不会见好就收，因为不知收敛而可能会得罪其他人。

在家庭方面，因为个性固执之故，所以与家人难以沟通，与兄弟姐妹、父母不甚相睦，属容易克亲之貌。

如果牙齿过暴，则个性亦较放荡、好色，人缘不佳。就算在工作、人际上再如何努力，也通常要非常长的时间才看得出成效，最后，假设怀有身孕，在生产时容易生产不顺，不过现在的医学已较发达，所以可以避免不幸。

二、焦黄牙齿

若你的唇色黯淡，牙齿焦黄，则容易偏孤寡，脑筋不够灵活，意外

也会偏多。

焦黄齿可以是前齿焦黄，也可以是整排牙齿都呈现焦黄现象，若只有门牙焦黄，则可能有影响身体的状况发生。

一口黑牙则较为贫穷，在古代来说，牙齿越干净洁白代表家世越好，此外，黑黑短短斜斜的牙齿，容易伤害到小孩甚至流产。

黑短斜又焦黄的牙齿，在读书仕途方面运气较差。因牙齿长得丑，使得爱情运不佳，姻缘不好寻。

三、齿列不整

齿列不整也叫作乱齿，如果你从侧面看你的前牙，会发现从门牙开始所有牙齿好像都从牙龈飞出去似的，就称作外波牙，是一种大凶的牙齿，若同时还露出牙龈则影响更大。

有乱齿的人个性敏感，多情绪起伏，也较为自我。在感情上一旦投入之后就难以自拔，很容易深陷其中，难以自拔，一旦遭受伤害必须要较长的时间才能平复，在情感上比较脆弱。如果是属于一口乱牙型，则有狡猾容易骗人之举。

下面再从牙齿的外观和牙型来解读一下对性格的影响：

（1）牙齿洁白整齐而坚固，又与脸型配合匀称的人，表示性格明朗、乐观、热情，且富有行动力。

（2）门牙歪斜或有缺损的人，表示与双亲的缘分浅。

（3）门牙大的人，表示活动旺盛，而性欲也很强烈。

（4）上下牙齿都很小的，其警戒心强而嫉妒心也深。

（5）厌齿型的人，个性粗暴，容易招来危难。

（6）门牙有空隙的人，不但与双亲缘薄，且缺乏蓄财运。

（7）两颗门牙特别大的人，是女难的相格。女性则幸运而有子缘。

（8）暴牙的人，虽富有行动力，但好饶舌，且任性固执，不知收敛而令人侧目。其家庭运也不好。

（9）八重齿的男性，不但与双亲缘浅，而其夫妻的情分也很淡薄。女性如是八重齿，无论结婚或财运，都很亨通。

（10）牙齿参差不齐的人，因性情刚躁、容易冲动，所以跟配偶之间无法和睦相处。

（11）牙齿朝内弯曲的人，表示具有恶性病的遗传体质。

（12）脸小而牙齿大的人，既无财运也无长寿之相。

胡须，男儿本色

曾国藩在《冰鉴》中对胡须有一番解释，译成现代文如下：

胡须，有的人多，有的人少，无论是多还是少，都要与眉毛相和谐、相匹配。胡须多的应该清秀流畅，疏爽明朗，不直不硬，并且长短分明有致。胡须少的，就要润泽光亮，刚健挺直，气韵十足，并与其他部位相呼应。胡须如果像螺丝一样的弯曲，此人一定聪明，目光高远，豁然大度。胡须细长的，像磨损的绳子一样到处是细弯小曲，这种人生性风流倜傥，却没有淫乱之心，将来一定能名高位显。胡须刚劲有力，如一把张开的利戟，这种人将来一定当大官，掌重权。故须清新明朗，像闪闪发光的银条，这种人年纪轻轻就为朝中大臣。以上这些都是宦途官场上的大材大器的人物。如果人的胡须是紫色的，眉毛如利剑，声音洪亮粗壮，胡须像虬那样蓬松劲挺散乱，而且有时还长到耳朵后边去，这样的胡须再加上一副清爽和英俊的骨骼与精神，即使封不了千里之侯，也能当十年的宰相。其他的胡须，如辅须先长出来，不是好须相。人中没有胡须，一辈子受苦受穷；鼻毛连接胡须，命运不顺利，前景黯然；短髭长大了而遮住了嘴，一辈子忍饥挨饿，等等。这些胡须的凶相，是显而易见的。

曾国藩对胡须的要求有相称与相合这一原则。相称，指形体各部位之间相互顾盼，相互协调，显得匀称、均衡，使整个形体呈完美之相。相称为有成之相，反之则为无成之相。相合，指合五行形局，若合五行正局则为上相，反之则为下相。"金不嫌方，木不嫌瘦，水不嫌肥，土不嫌矮"等，均合五正局，为上相。

胡须的多少与须相的好坏没有因果关系，也没有正比例或反比例的关系，不管多与少，都必须和眉毛相称。也就是说，假如眉毛多，胡须也要多；眉毛少，胡须也要少。只有这样，才称得上是佳。为什么胡须的多或少、"须相"的有成与无成，和眉毛的关系这么大呢？因为眉毛和胡须对于人来讲，属于同类，都是人体的毛发，此其一也；胡须和眉毛同位于人的脸部，都是面部的重要组成部分（当然是专指男性），此其二也；第三则是取其水火既济或水火未济之义，也就是胡须和眉毛相称为既济，不相称为未济，既济是上相，未济是下相。

多者要"清"，"清"就是清秀、清朗、清雅、清爽，就是不浊、不乱、不俗、不丑。要"疏"，"疏"就是疏落、疏散、疏朗，就是不丛杂，不淤塞。要"缩"，"缩"就是弯曲得当，不直，不硬。要"参差不齐"，就是有长有短，长短配合得当，错杂有致，不要整齐划一，截如板刷。这种多而清、疏、缩、参差不齐的须相，不管眉毛的多或少，都能和眉毛相称。若眉毛多，这种须相可与之形成一定的反差，若眉"少"，这种须相则可从"神"上与之协调一致。因此说，"多者，宜清，宜疏，宜缩，宜参差不齐"。

"少者"要"光"，"光"就是不枯、不涩，就是润泽、光亮。要"健"，"健"就是不萎、不弱、不寒不薄，就是要刚劲、康健、坚挺。要"圆"，"圆"就是不呆、不滞、不死板，就是要圆润、生动、飘然。

曾国藩所称道的上佳胡须有六种，分别是：

第2章 表情晴雨表,闪烁中折射人的喜怒哀乐

第一种,"卷如螺纹"。指人的胡须如同长江大河奔腾之势,在转弯或汇合处时激起的漩涡,即象其势,此种胡须的人高瞻远瞩、心胸宽广、胆识过人。所以说其人"聪明豁达"。

第二种,"长如解索"。指人的须相如同江河之水源远流长,波涛起伏,又如破裂之绳,索身多小曲,即象其形。此人爱美好色、风流倜傥却不淫乱,所以说其人"风流显荣"。

第三种,"劲如张戟"。指人须相如两军对阵时的剑拔弩张之气势,有这种须相的人,有魄力、有胆识、有作为,必能成大器,所以说这样的人"位高权重"。

第四种,"亮若银条"。指人须相如生命初成,生命力旺盛,气色润朗,一片生机,即象其气。这样的须相,主人文秀多才,超凡脱俗,所以说其人"早登廊庙"。

当然,这四种须相不一定能决定某人"聪明豁达"、"风流显荣"、"权重位高"、"早登廊庙",但至少有一点可以肯定,这四种须相都是身体健康的表现,其原因是中国医学认为须相上佳,表明精力充沛。

第五种,"紫须剑眉,声音洪亮"。这样的配合叫金形得金局。

第六种,"蓬然虬乱,常见耳后",是气宇轩昂,威德兼具之相。此两者本为佳相,如能配清奇的神和骨,乱世可成霸才,治世能为良将。

成语"司马昭之心,路人皆知"指的是三国末期司马懿的儿子司马昭,要夺曹魏政权为己的野心。司马昭这个人很厉害,识人也有一手。他有一个得力助手,叫魏舒。魏舒年少时,迟钝质朴,不爱讲话,乡里人都不看好他。他叔叔魏衡,有名当世,也不看好他,让他去守水磨房。魏舒口不能言,但不以为意,也不因此自弃或报复、心怀别念。惟有太原王乂认为魏舒是个人才,经常鼓励他,并救济许多钱财,魏舒也不推辞。到40岁,魏舒仍不得显扬才华,只为别人做点参谋工作。后因机缘,他以凑数的身份参加一

个会议，魏舒容范闲雅，娓娓而论，举座皆惊。时人推荐他到司马昭处，一谈，司马昭"深器重之"，拜为相国参军，里外小事，还不见其才华，凡有兴废大事，众人不能处理的，魏舒却能理得清清楚楚，断得明明白白，见解多出众人之上，于是世人共服。据传，魏舒的胡须就不多，但是有"光、健"的特点。他40岁开外，才给人当参谋，如非大气在胸中，也许早已心灰意冷、聊度一生了。

第3章
参透话外之音,顺着声音走进人心

语言能充分展示出人的职业、身份和知识水平。我们根据一个人的话语,能判断出他每天的工作成绩、效率,更能了解他的情绪。张口说话,就是为自己画像。

从话题洞悉对方真意

我们可以通过一个话题,探索到对方的深层心理,其方式有两种:一是根据话题内容来推测对方的心里秘密;二是根据展开谈话方式洞察对方的深层心理,以了解此人的个性特征。

客观地说,谈话的种类千奇百怪,如果要想知道对方的性格和气质,最容易着手的办法,就是观察话题与说话者本身的相关情况。

比如,他们谈话的内容不仅以自己本身的话题为主,也会涉及其家庭、工作,以及与家庭有关的事情,常常在话题里出现的人物往往就是自己的身边人。

在交往的谈话中,女人们喜欢谈论别人的风流事以及自己丈夫的一些脾性,这种情况通常表明她们关心对方到了相当强烈的程度,甚至把这个男人当成是自己的化身,她们谈论这个男性的各种情况就像谈论她们自身一样。

一、倾听谈话

以这种谈话方式出现的人,其表现是支配者的形象。这种人物的谈话从不涉及自己的事,或有关自己身边的人,他们的话题反而是涉及别人的一些琐事,或对方的隐私秘闻,甚至对对方的一举一动或每条花边新闻都捏着不放手,这是完全地侵犯别人的隐私。

从男女关系的角度来看,表示他很关心对方,或者极度爱慕对方,是个忠诚的倾听者。

像这样的倾听者,非常喜欢把话题的重点放在跟自己完全无关的人身上。关心名人、歌舞影星的花边新闻轶事方面,则说明此人的内心有一种支配的欲望。

一般来讲，此类人很难结交真正的知心朋友。或许是内心太孤独、太无聊了，只要关于别人的私事，即使对方跟他们并不熟悉，他们也会非常热衷于去谈论对方，这些都表示其内心孤独和空虚。

二、不满的谈话

凡被压抑在内心深处的意愿，并不只限于情感方面的问题，其实对于工作方面的欲求得不到满足而深感压抑，也是非常之多的。关于这一点，一般来说，会采用发牢骚或埋怨的方式表示出来。我们从这些埋怨的话语里，就能够探究有关欲求不满的实质。

当一个人经常对别人诉说对工作环境不满的牢骚话，以及对人事方面的埋怨时，为什么话题谈来谈去总是离不开抱怨呢？或许是他不愿承认自己的无能，而把责任推给单位。

那就是说，人们通常不会承认失败等不愉快的经历，也极力否认内心的自卑感，反而会设法找出适当的理由替自己辩护。

也许，在人们发牢骚和抱怨的话题里，不少是关于上司的问题，从表面上看，这个埋怨者对自己的顶头上司非常不满。其实，内心却有一股极想出人头地的欲望，就好像火焰一样在热烈地燃烧着。

无奈，自己偏偏没有这份才干，得不到上司的提拔。于是，就找出一套自欺欺人的逻辑，同时，为了使自己的心里能够接受这一套道理，便不得不责备上司的无能和嫉贤妒才，使自己的观点合理化。

朋友和同事们很难接受这种抱怨，甚至反感这种怨天尤人的做法。

三、怀旧的话题

有一种人经常表现出自吹自擂的样子，不管在任何场所，和别人谈话时，都爱把话题引到自己的身上，吹嘘自己当年如何奋斗的经历？他们可能不了解，当旁人看见他们那副兴高采烈的模样，实在是很难做到与他们感同身受。脾气好的人不得不听他们的自我吹嘘，而厌烦的人会马上离去，把他们搞得尴尬不堪。

从某方面来分析,当他们不想直接表现出怨言和欲求不满的意思,没有采用愤愤不平的表达方式,相反地,却是以自吹自擂的方式表达出来,当他们所倾谈的对象是涉世不深的年轻人时,很难记住那句格言:好汉不提当年勇。

事实上,他们还不知道这种自我吹嘘的行为,是很难适应时代的变化的。或许等到他们真的上了年纪,会变成个不折不扣的失败者,完全靠怀旧来过生活。

不过可以看出这类人确实陷入某种欲求不满的环境中,可能升级途径遭受阻碍,或者无法适应目前所处的环境。所以希望忘却现实,喜欢追忆往事来弥补现在的境遇。

对他们来说这是一种倒退现象,因为眼前的情况是如此的残酷,所以,仍用变幻般的表情来谈话。当然从他们的话题里,别人会发现潜藏在他们内心深处的一股无可救药的欲求和不满的情结。

四、自我心中的话题

分析一个人的内在表现时,他的潜在欲望不但隐藏在话题里,也存在于话题的展开方式上。在聚会上,大家彼此正在交谈时,突然有人竟然不顾别人的谈话,而突然插进毫不相干的话题,这是相当令人讨厌的一种转移话题的方式。

例如,你是不是这种心血来潮的人?在和别人谈话时,经常把话题扯得很离谱,或者不断变换话题,让别人觉得你很莫名其妙。从某方面来讲,你的支配欲和自我表现欲都特别强,你根本不把对方看在眼里,而完全摆出我行我素的样子,觉得大家都得听从你的主张。

或许他是个行政长官或者一个公司的主管,已习惯于滔滔不绝谈个没完。其实,他这样做的目的,不外乎是担心主导权落入别人之手,而他是个自始至终都喜欢占据优势的人。

话题的内容不断变化固然是个好现象，但如果话题很离谱，一切都显得毫无头绪，就会使听众感到索然无味。倘若你是个普通人，总谈些没有头绪的话题，或者不断改变话题，东拉西扯，那就表示你的思想不集中，给别人留下支离破碎的印象。这说明你是个缺乏理论性思考的人。

一个优秀的谈话者，是很少谈及自己的东西的，而是将对方引出来的话题进行分析、整理，不断地从对方身上吸取许多知识和情报。在一些情况下，有的人将全部注意力放在倾听对方的谈话上，从性格上讲，这一类型的人很能理解别人的心思，而且具有宽容的精神，是真正的君子。

五、爱用"我"的谈话

语言可以表示一个人的教养，同时，语言对于一个人的性格形成也有重大的影响。语言的表达可以代表一个人的社会地位、阶层以及所处的地理环境，同时也能代表一个人所受的教育程度。当然，语言是自我表现的一种手段，而且在不知不觉中也能反映一个人的各种曲折的深层心理。

人们在谈话中首先就要使用人称用语，这是自我称呼的代名词。这个词不仅可以反映出说话者的意识，而且也能表现出各式各样有关性格的情况。例如，我们在电视或报纸上常常看见大人物们的谈话，他们在每句话里不断用"我"这个字。我们可以从对这个字的使用发掘出说话者的真实个性。

在现代社会里，年轻人比较喜欢把自己称呼为"我"，当上了一定年龄时，尤其是在公开场合里，就不那么使用"我"这个词了。我们经常听见有人使用第一人称的单数"我"。如果听见一个人老是用这样的语气："我说……"或者"我教导过你们……"，他开口闭口都在强调自己。由此可见，这种人的自信心一定很强，自我欲望也比较重。

另外，凡是爱用第一人称单数"我"的人，即表示这个人的独立性或主体性极强。而喜欢使用复数代名词"我们"的人，大部分是没有个性的集团埋没型，或者属于附和雷同型。如果一些人在谈话时，开口闭口喜欢说："我们……"这类的开场白。他们的心理状态就跟上述情况相符。

当你平时与人交谈时，在使用第一人称时，是用单数，还是复数呢？使用"我"字多的人，表明这人的自我表现欲特强。而有的人不常用"我"，但却爱用"我们"这个词，这表明他们具有雷同的性格。

六、爱用典故的谈话

喜欢使用名人的用语和典故的人，一般来说大部分都属于权威主义者。

使用借用语，不但是使用别人的语言来表达自己的意思，而且还透露一种超越自己以上的东西，是一种自我扩张的表现欲。

假如一个人开口闭口就爱抬出一大堆晦涩难懂的语句或外国谚语，使得别人产生一种走错庙门的感觉。事实上，他只是把语言当做防卫自己弱点的工具。他之所以这样做，目的是为了加强说话的分量，同时表示自己见多识广，来抬高身份和扩大自己的影响。

总的来说，喜欢借用名人的语句或典故，是狐假虎威式的权威主义，说明他很憧憬权威，结果养成了喜欢使用典故或借用语。如果是位女性，那她就会常常借用她母亲的话，来表示自己的意思。例如，"妈妈说他是一位好人"。说这句话的含义，无非是借重母亲的威望，来表达自己的观点。

不过如果她过分借用母亲的话语，那也表示她跟母亲是同一层次上的人，表明她的依赖心太重。总的来说，这种人在精神上一直是处在母亲的怀抱里，给人一种乳臭未干的模样，至少可以说明其在精神上还很幼稚。

七、使用恭敬语谈话

一个人在社会生活中能处事得体，恭敬语在言语中一直担任着非常重要的作用。当然，如果故意使用不自然的恭敬语，表示其在心理上有某种不平衡。

在一些无关紧要或熟悉的人际关系中，一般没必要使用恭敬语句。不过，当和你关系很亲密的人碰见你时突然用恭敬的语句，那么你就不得不小心着点。比如你的配偶和你谈话时，突然使用亲切的措辞时，那么你就应当知道他的状态和平时不同。因此，如果一个人过分使用恭敬语言，那么就可能表明有激烈的嫉妒、敌意、轻蔑和警戒心理。如果一位友人，突然对你表现得特别恭敬，那就可能他感觉和你的距离越来越远，甚至可能含有轻蔑与嫉妒的动机存在。

恭敬语仅仅是礼貌用语，它会常常在无意识中拉开自己与他人之间的距离。从现实的观点来看，如果你听到对方不断地向自己说出毕恭毕敬的话，那么，你就要小心提防他的用意。

还应该注意的另一点是，当有人故意使用谦逊与客气的言语与你交谈，其实，他是企图利用这种方式和态度闯进你的心里，从而突破你的戒备防线，其真实动机在于企图控制你，以便实现其内心的欲望。

别人说"不"的意图

在交际中，有些人并不是直截了当地表明他"不"的态度，"不喜欢"、"不要"、"不想回答"，等等。所以，有必要意识到对方在说"不"，从而做一个文明的交际者。表示"不"的方式有很多。

沉默。例如，当你问某人是否喜欢这首歌时，他沉默不语；当某人收到你的书面邀请后，他沉默不语，这就表明他"不喜欢"、"不愿赴约"的态度了。

另有选择。例如，你问某个人："这本书怎么样？"他若回答："很好，不过我更喜欢……"那对方的态度也是不言而喻的了。

拖延。例如，你问："今晚能来吗？"回答："今天不行，下次吧？"

推托。"这东西还可以,就是太贵了。"

回避。你问:"你觉得她长得怎么样?"答:"我没注意。"

转移。你问:"今天晚上你干啥了?"答:"唉,你怎么又抽烟了。"

揭开网络聊天的帘幕

在当今社会,网络聊天已成为大众沟通的一个重要手段。在网上聊天,虽然相互间看不见表情,听不见声音,但是独特的网络语言却依然能将人们种种曲折的深层心理不知不觉地反映出来。在网上,通过文字、标点、特殊符号等传达的语言内容及其流露出的语气不仅能反映聊天者在社会阶层或地理区域上的特性外,还能反映出他们个人的修养、个性和心理。在网上聊天的人虽然形形色色,但只要我们掌握方法仔细揣摩,就能揭开网络的帘幕,把对方的年龄、性格、气质、想法弄得清清楚楚。

一、从常用语气词分析

1. 呀

言语里含有很多"呀"字就显得此人比较幼稚。喜欢用这个语气的人,年龄通常都比较小,一般在20岁左右。

2. 呵呵

这种笑是成熟温和的男人的笑法,当他赞许或无法回答你的时候就常用"呵呵"来表示或掩饰。他们是小女孩的克星。那些青涩幼稚的小女生常常会被这些成熟的男人迷得晕头转向。她们想要制服他们,但又玩不转,到头来被控制的反而是自己。"大智若愚"是这些成熟男人的绝招。

3. 哈

喜欢用"哈"的人比较聪明,但是又很冷漠。这种笑的象声词既不表示

赞许也无褒贬之意。

4. 哈哈

这样的人比较开朗、豪爽。

5. 哈哈哈哈

这样的人豪爽，乐观，和他在一起你会很开心。但有时"哈"的连用也表示恶作剧得逞后的开怀大笑。

6. 嘻嘻

喜欢用这种语气词的人活泼调皮，古怪精灵，喜欢捉弄人。通常一些年轻的女孩常用。

7. 嗯

用这个词的人一般都比较温柔，能体贴人。这个词是女性常用词。

二、从说话内容分析

当两个人刚刚认识，还没说上几句话就开始说"我爱你"之类的暧昧语言的人，要么是年龄比较小的，要么就是极其空虚的人。

认识很长时间，双方情况都了解得一清二楚后才说"我爱你"，这样的人知道克制，比较能掌握分寸，年龄通常在30岁左右。

不管在网上聊得多火热，从来不说我爱你的人城府很深，虚拟的网络和现实的生活能分开。这种人一般都是年龄比较大的成熟理智型人物。

三、从常用标点符号分析

1. 句子里点很多逗点

这种人做事一般都很急躁，性情比较刚烈。如果是女孩子，她就比较率真，有男孩子的性格。

2. 用很多符号装饰话语

喜欢用一些符号增加气氛，表达自己强烈的心情的人比较浪漫，讲究情调，年纪相对较轻。这种类型中一般女孩子多于男孩子。

3. 标点符号很整齐

标点符号用得非常规范，连句号都不落下，说明这个人耐心细致，做事十分严谨，应该是比较成熟的人。

4. 不点标点符号

从来不打标点符号的人值得引起注意，这样的人一般都比较有心计，善于耍小聪明。同时，他们又很鲁莽，做事不留余地，是一个很难把握的人。

四、从打字速度看

如果某人打字速度非常快，但是错字连篇，这样的人大都是些年轻人。他们做事毛躁，有强烈的表现欲。

如果这个人打字一向很快，突然节奏变慢，并感觉在敷衍你，那说明他不止和你一个人聊天，或是主要注意力不在聊天上，而可能是在打游戏。对于这样的人应该尽量不要关注过多，而应顺其自然。

如果这个人打字不是很快，但是说出的话幽默且富有哲理，则表明这些话都是经过思考的，这样的人一般都比较成熟稳重，有修养。

在网上辨别人虽然相对比较困难，但是只要方法得当，我们不闻声不观色，同样能够"明察秋毫"，将对方的心理分析透彻。

从谈话的方式识其心理

一、突然变得"健谈"往往是为了阻止对方讲话

一般来说，初次见面就很健谈的人是比较容易对付的，因为你不需要再煞费苦心地去思考谈话的内容，也不必千方百计去探查对方的心理，对方的谈话，就已经给你判断他的性格提供了材料。然而，健谈的人也不能都认定是积极自我表现的人。

例如，在一次相亲的场合中，正当大家你一言我一语交谈甚欢时，一直保持沉默的男方，突然变得滔滔不绝起来。什么原因呢？原来大家正在谈论彼此的薪水问题。这位男子不愿提起他薪水不多的问题，才故意岔开话题的，而后来大家果然也没再提起薪水的问题。

因此，人们讲话不只是为了表达自己的观点，或纯粹想说话而开口，有时是为了阻止话题继续进展或不愿让对方表达才变得健谈起来。尤其是对方突然变得话多时，就应该考虑话题中是否有他不愿提及的事。多言并不等于善辩，有时候是为了掩饰自己的不安而放出的烟幕弹。

二、通过对方的随意话语，可了解他人的真实心理

与人交谈时，由于常常受到时间的限制，一旦发现谈话跑题，性急的人就心急如焚，担心自己的正事达不到目的，便想方设法把话题拉回来。其实，要探查对方的内心秘密，这种做法是不高明的。

对方之所以会转换话题，大致有三种情况：第一是由于粗心大意，第二是因为脑中有新的思路，第三则是故意转移话题。

不管是由于哪一种情况，眼前对方的注意力已经完全转向新的话题，所以最好不要打断他，暂时让他尽情说下去。这样一来，如果对方转移话题是由于一时疏忽，不久他一定会有所发觉，而流露出诧异的表情说："咦！我们谈的主题是什么？"如果是第二种情况，对方并未忘记主题，即使他东拉西扯，最后一定会回到主题上来。如果他根本不想回到主题，你就可以认为他是故意回避主题了。由此可见，"跑题型"的交谈，是了解对方真实心理的最好机会。

三、说一些广泛的客套话

在人际关系中，最容易被破译密码的语言，就是客套话。客套语的存在，是社会发展的必然结果。但是客套话要恰当运用，过分牵强而显得不自然的人，说明此人有其他的用意。客套话的反面是粗俗语，一些人会对自

己心仪之人冒出很随意的言语，以示双方的关系非同一般，给人以亲密的误会。

在较为亲密的人际关系中，并不需要使用客套话。不过，当在此种亲密的人际关系里，突如其来地加入客套话的时候，就必须格外小心。有时候，男女朋友之某一方，使用异乎寻常的客套话时，就很可能是心有缝隙的征兆。

用过分谦虚的言词谈话时，可能在表示强烈的嫉妒心、敌意、轻蔑、警戒心，等等。语言是测量双方情感交流的心理距离的标准。客套话使用过多，并不见得完全表示尊敬，往往也可能含有轻蔑与嫉妒的因素。同时，在说话的无意中会将他人与自己隔离，防范自己不被侵犯。

某些都市的人，对外乡人说话很客气。这从另一个角度看，是一种强烈的排他性表现。因此，往往无法与他人熟悉，尽是给人以冷淡的印象。以此类推，假使交情深厚的朋友，仍不免使用客套话时，则很可能内心存有自卑感，或者隐藏着敌意。

吵　　架

有些人一吵起架来就精神百倍。因为吵架刺激这种人分泌肾上腺素，使他们觉得兴奋，而这种兴奋是事情顺利时无法感受到的。相反，有些人则害怕自己生气，他们竭尽全力去避免争执，即使不可避免也要尽快结束它。其实，许多人吵到最高点的时候，满脑子只想赢，经常忘了争吵的原因。

一、言辞攻击

用激烈言辞争吵的人非常容易动怒。虽然一开始，他只是针对某一件事而吵，可是很快便扩大到人身攻击。他会数落对手的每一件错事，甚至攻击对方的家庭。他实在是个差劲的战士，他想成功的干劲和必胜的决心，用在工作方面很有帮助，但用在关系比较亲密的人身上，造成的负面效果有时是无法挽回的。这是因为他在争执时所说的那些话，到最后都会变成无理取闹的人身攻击。

二、身体攻击

用身体代替说话。只要他察觉吵架快输了，或觉得无法再用言语与别人沟通时，他就选择直接的正面攻击。他天生容易冲动，只要事情不如他愿，他会有强烈的挫折感。他会将自己的问题转嫁他人，甚至责怪吵架的对手不该逼他攻击他们。

三、无所谓

他对烦心的事能够视若无睹。他让自己处于高枕无忧、轻松自在的状态，但事实上，他只有能力处理愿意面对和能够控制的事。他相信，时间可以解决一切，船到桥头自然直。他的想法是对的，因为到最后，和他吵架的人会觉得，一个人穷嚷嚷实在是自讨没趣，对方不是鸣金收兵，就是对他进行人身攻击。

四、无辜

他总是透过看似无辜的言辞攻击对方，例如，"你实在是反应过度，我想你应该和你的家人讨论讨论这种现象。"他并不想和对方讨论任何事情，只保持沉默做自己想做的事，而且无论对方说什么，都无法让他改变心意，他希望以一副洋洋得意和高人一等的姿态来赢得争吵。

五、让人同情

他喜欢有人介入代替他和对方争吵，而且比较喜欢在众人面前吵架，他善于吵架的时候引起别人的同情和关心，好让众人站在他这边。即使他错了，也有办法让人认为是对方的错。无论如何，他总是受伤的那一方。

六、不动感情

他最普遍的反应是："别激动！"无论在任何情况下，他都不让自己限于情绪化的表达方式。他是一个理性、讲道理、聪明的人，认为激烈、爆发式的反应不过是制造双方情感的分裂。和他吵架没什么意思，因为他永远是赢家。他的个性强烈，能够通过理性的观点去说服他人。

七、发泄

这是一种情绪的恣意宣泄。两人对吼，吼到声嘶力竭，然后双方再以理性的讨论将感觉表达出来。这种吵架方式需要双方都有相当程度的理解力，同时都有能力收放自如，也就是先放任自己大吼，然后在两人吵得不可开交之前适时调整自己。

八、愤怒摔东西

即便他厌恶暴怒和暴力，但暴怒和暴力却令他兴奋。只要摔破几个盘子或者用手在墙上捶几下，他就觉得好过些。他因威胁恐吓而获胜，对手则因害怕而屈服，然后他就得逞了。他努力像英雄一样，想在争执中获得自尊和自信，可是，想赢的欲望却使他表现得像个婴儿。

九、最后通牒

只要他输了，被逼急了，便使出最后的武器："我没办法再忍受了，我要离开！"其实，他无法忍受的是事情不如他意，而这个最后通牒，使他觉得自己威力大增。不过，如果有一天，对方对他说："好！现在就走，我才不在乎呢！"这时他必须面对现实所带来的恐惧，因为他根本没有勇气离开。

十、翻旧账

他是那种脑容量和大象差不多大小的人，有能力把陈年旧账全部搬出来细数一番。他认为，他俩关系中的每一件事都值得提一提。他有惊人的记忆力和分析力，而且认为吵架是一种理智的挑战。他通常占上风，因为大多数人都只拥有普通的记忆能力。

十一、散布谣言

在争执中途,他会突然插进一句:"每个人都这么认为。"他散布谣言或制造谣言,目的在于使自己获胜。吵架的时候,他没有信心一个人吵赢对方,而以团体的意见站在他这一旁作为吵架的筹码。除非有人和他站在同一个阵线,否则他几乎没有勇气表达自己的观点。

十二、我的律师会和你联系

他觉得自己没有能力单打独斗,必须靠他人的协助,而那些人也的确能够帮助他。信心和成功都站在他这一旁,他寻求专业协助,因为他不喜欢输,而法律行动是他可以想到的最有效的办法。

十三、留纸条或写信

他觉得把想说的话写下来,比开口说要自在点儿,因为他觉得这么做较能控制自己的情绪,也更有把握让别人听进去自己要表达的意思。直接对质他会不自在,因为他需要别人喜欢他。他很清楚自己想说什么,而且可以很完整地把那些话写下来。

十四、电话对阵

电话沟通比起面对面冲突,不但让他更能够借声音来发泄心中的怒气,还可以将彼此的敌意局限在两个地方。他不怕因此受到身体攻击,也比较能够控制吵架情绪。他可以随时挂断再打,或等对方再打给他。在他的生命中,有许多类似挂断电话的委屈经验,但他还是不愿直接面对。

十五、沉默

他对愤怒的反应是:保持沉默。虽然表面上他愉快、开朗,但内心却怒气冲冲。他不惹是生非,不破坏现状,即使船底有个洞,船开始往下沉,他也宁可选择溺死,而不愿和他人针锋相对。基本上,在人际关系方面,他是个悲观主义者,而且他认为,诚实只会使事情更糟。

称　　呼

已婚妇女在向别人提起自己的丈夫时，叫法是因人而异的。

"我们家的那个"、"我丈夫"、"我先生"、"孩子他爸"、"（名字）"，等等。从称呼可以看出夫妇间的亲密程度，从日常的称呼可以推测出双方心理上的距离。

下面，我们就"称呼和关系"举几个例子。

一、称作"先生"

先生以及"科长"、"部长"等官衔，常见于和工作相关的有上下级关系的交往中。当上司和部下一起去喝酒和有私人来往时，上司有时会直呼属下的名字或干脆叫"你"。

同事或同等关系的人们在交往中，如果还彼此称呼"先生"，就表示他们的心灵之间还有一定距离。

二、称作"小×"或叫外号

非常亲密的关系，男性对关系好的女性，会称呼"小李"、"小王"什么的，姓前面加"小"字的叫法很普遍，但如果女性这样称呼男性，就说明关系已经相当亲密了。

三、直呼其名

关系亲密的表现，不过有些女性把自己的恋人叫做"（名字）先生"，从女性心理的角度来看，也许是介于朋友和恋人之间的关系。

随着关系的进一步深化，最开始称作"先生"的人，可改称为"小×"，之后关系再度发展时，会直呼名字。特别是交往不久就发生性关系的时候，男方会对女方直呼其名，说话也变得娇嗔起来。这种情况往好里说，是关系变好的表现；往坏里想，这个男人把女方看作"自己的女人"，含有占有对方的意味。

四、"您、你"

在演讲和其他场合中，听讲的人往往知道讲师的名字，称之为"某某先生"；而讲师对听众的面孔一时间还不熟悉，通常会使用"那位先生"、"您"等的称呼。如果仅是初次见面还没记住名字时这种称呼尚可，如果认识很久依然如此，就说明此人试图在心理上和对方保持距离，希望双方互不侵犯，属于"你是你"、"我是我"的态度。

五、不叫名字，用"那个"等指示代词称呼

对长年相伴的妻子，有的男人会这样称呼。这些男人大多性格害羞，不善于表达情感。

此外，提起自家人的时候，不说"我先生"、"我的大女儿"，而是叫"孩子他爸"、"姐姐"，即与在家时采用相同称谓的人，凡事都以家庭为重，乐于充当贤妻良母或爱家慈父的角色。

称呼反映着人与人的关系。反过来说，如果你想亲近对方，不妨不露痕迹地稍稍改变一下称呼，这样一来二去亲近感加深，互相之间的心理距离也会逐步缩小。

酒后吐真言

酒之与人，可谓由来已久。古今中外，不管地理位置相距多么遥远，生活习惯相差多么悬殊，各个民族的人都独立地发明了酒，而且使之与各种文化、习俗，甚至政治、历史深刻地融汇在一起，形成了丰富多彩的酒文化。

有的人把饮酒和才情的发挥、文思的涌现、灵感的勃发等联系在一起。李白斗酒诗百篇；张旭喝了酒会以发醮墨，龙飞凤舞地大书特书；武松在景

阳冈喝了十八碗酒,才打得死那吊睛白额猛虎。诸如此类,不一而足。不可否认的是,除了特殊的人,大多数人喝多了酒,在酒精的影响下,会失去常态,所以,醉汉的话是不能全信,不可深信,但又不能不信的。这就要求在听的方面,需有更多一些讲究。

人们常说:"以酒盖脸,无话不谈",或者"酒后吐真言"。这种情况当然存在,但是在更多情况下,由于酒精的作用,使得不少人酒后出狂言,酒后出谰言,酒后出胡言。所以,对于酒后之言,不可一概不信,更不可一概全信,而要认真分析,根据不同情况,加以取舍,或者借由自己的判断,去其虚伪,取其精实,这才是正确的办法。

我们必须认真观察,仔细判别,酒后说话之人醉到了一种什么程度。事实上,醉酒的速度大体可以分成五个等级,即微醉、初醉、深醉、大醉和沉醉。

对于微醉的人,由于其理智依然十分清晰,所以其言谈并未受到酒精的影响,思路也清楚,所不同者,有酒助兴,神经略显亢奋而已。此时,谈话者一般表现为神采奕奕,谈锋颇健,而且思路清楚,逻辑性缜密,对于一些平时少言寡语、城府较深的人来说,这时可能大异于平时。所以,可以认为这是听话、交谈的大好时机。但是,也要记住,此时说话人醉酒极轻,思想活跃,完全能够控制自己,所以不该把他所说的全都认为是"真言",要知道,说不定由于他们此时的思想活跃,反而在语言中运用了更多的技巧和隐语。因此,必要的"去粗取精,去伪存真,由表及里"的功夫仍不可少。如果要讲开诚布公,那么,对于那些平日讲话较少,城府较深的人,这倒是一个与之促膝谈心,进一步窥视其内心隐秘的大好时机。

初醉者在醉酒程度上已较微醉更进一层,此时,说话人在思路上、交谈的欲望上已出现不受主观意念支配的现象,可以说,这才开始进入"以酒遮脸"的状态。一般情况下,这也是"酒后吐真言"的前期阶段。

正因为如此,初醉者此时谈话的特点是:滔滔不绝,不让别人插言;或者是神情亢奋，表情认真；或者斩钉截铁，一言九鼎；或者态度神秘，令人莫测；或者思路灵活，大异往时；甚至语惊四座，极度坦诚。总之，此时喝酒之人由于酒精作用，已进入亢奋时期，在较大程度上，已不受日常习惯和思维的限制。虽然语言是清晰的，逻辑是合理的，情绪是兴奋的，态度是诚恳的，但是却已异于平时，再不受脸面、环境、关系、礼俗等的约束。他已经到了道平时所不想道，说平时所不能言，破除情面关系，扫除世俗障碍，据实陈述的状态。所以，这是听其"真言"的大好时机，切不可轻易放过。正所谓要知心腹事，但听口中言，此其时也！

人逾过初醉，到了大醉就已经开始失去理智，此时，人的思维逐渐紊乱，意识渐近模糊，判定能力大都失去。所以说不出什么有逻辑、有思想的谈话内容。从这种意识几近模糊的谈话中，已经很难获得说话的真实含义以及真实思想，故此也就谈不上什么真言假言了。

人进入沉醉状态时正常意识已基本消失，大多沉沉入睡，即使未曾入睡，也常伴有失态之举，即使尚能发声，也是语无伦次，彼此全不连贯的呻唔之声，既谈不上什么语言，更谈不上传达什么思想和信息了。

综上所述，初醉、微醉乃是谈话和听话的黄金时间，所谓"酒后吐真言"者，当其时也。所以，在这种情况下，听者应当集中精力，努力获取信息，万勿以酒后之词无足轻重而弃之。如果说话人已进入大醉的阶段，则听者最好放松注意力，千万不要轻易地把"酒后吐真言"的说法滥推到这个阶段。如果人已进入大醉、沉醉，则此时之言，多不足信，听与不听两可。

幽　默　感

幽默是聪明和智慧的体现，一个具有强烈幽默感的人，往往更容易取得成就，获得成功。其实每一个人都是具有幽默感的，只是表现方式不同，常常要受到时间、空间等多种条件的限制。当一个人将他的幽默感表现出来时，他们的性格特点也就显现出来了。以下有几种幽默的不同表现形式，对照一下区别和联系，有助于更好地观察和了解一个人。

用一个幽默来打破某一个僵局，这样的人大多随机应变能力比较强，反应较快。因自己出色的幽默表现，他们可能会成为受人关注的对象，这同时也迎合了他们的心理。他们多有比较强烈的表现欲望，希望能够得到他人的注意与认可。

常常用幽默的方式来挖苦别人的人，大多心胸比较狭窄，有比较强烈的嫉妒心理，有时甚至作出一些落井下石的事情。他们有较强的自卑心理，生活态度较消极，常常进行自我否定。他们擅长于挑剔和嘲讽、盘算他人，自己却很少真正地开心过。

用幽默的方式嘲笑、讽刺他人，这一类型的人给人的第一印象往往是相当机智、风趣的，对事物都有细致入微的观察，能够关心和体谅他人，但实际上这种人是相当自私的，他们在乎的可能只是自己。他们在为人处世各个方面总是非常的小心和谨慎，凡事总是赶着要比别人快一步。他们对自己的事情"疾恶如仇"，有谁伤害过自己，一定会想方设法让对方付出代价。有较强的嫉妒心理，当他人取得了成就的时候，会进行打击和贬低。

善于自嘲式幽默的人，通常具有一定的勇气，敢于进行自我嘲讽，这不是一般人能够做到的。他们的心胸多比较宽阔，能够接受他人的意见和建议，而且能够经常地自我反省，进行自我批评，寻找自身的错误，并加以改正。他们这种气质，让他人看在眼里，很容易产生一股敬佩之情，从而为自己带来较好的人际关系。

喜欢制造一些恶作剧的人，他们多是活泼开朗、热情大方的人，活得很轻松，即使有压力，自己也会想办法缓解这种压力。他们在言谈举止等各方面表现得相当自然和随意，不喜欢受到拘束。他们比较顽皮，爱和人开玩笑，他们在这个过程中进行自我愉悦，同时也希望能够将这份快乐感染他人。

有些人为了表现自己的幽默感，常常会事先准备一些幽默的段子，然后在许多不同的场合不厌其烦地说。这一类型的人多比较热衷于追求一些形式化的东西，而且很在乎他人对自己的态度。而自己的生活态度比较严肃、拘谨，能够控制自己的感情。

和事先预备幽默的人相反的是另外一种人，他们有许多幽默都是自然地流露出来的，这一类型的人多思维活跃，有很强的想象力和创造力。他们虽然头脑灵活，思维敏捷，但并不擅长在制度完善的环境下一展所长，而是更偏爱自由。他们的生活始终处在发掘新鲜事物的过程中，他们需要通过别人的生活来发掘和完善自己的构想。

阿谀奉承者

北宋王安石实行变法革新的时候，任用了一些新人做官，邵雍曾给他写信说："你现在当政，对于你的改革，一些人有看法。特别是那些深负道德感的人，他们虽然说话难听，常常使你厌烦憎恶，但以后你会得到他们的帮助。相反那些善于奉承拍马的人，目前他们的话你听起来很顺耳，心里感到高兴，可是一旦你失势，他们之中一定有人会出卖你。你应该警惕这种谄谀之辈。"后来果如邵雍所言，深受王安石欣赏且一直奉承王安石的吕惠卿就背叛了他。

怎样识别奉承拍马的人？有三种主要的途径：动作、语言、神色——也就是他们办事的方式，说话使用的言辞，浑身上下显露出来的神情。唯唯诺诺的小人走路的架势和姿势都要学领导的样子，说话时的用词和口气也开始与领导相似，甚至连腔调也会逐步地和领导接近。

就像铁屑被磁铁吸引，唯唯诺诺者、阿谀奉承者，都以上司为靠山，紧紧地围绕在领导身边。如果将磁场关闭，这类喜欢奉承拍马的人就会像一堆没有生命的铁屑一样散落在地，显得愚蠢可笑。对于这样的人和事，正人君子是不屑一顾的。古人对此有这样的说法：与地位高的人交往不阿谀奉承，可谓悟到了交友的真谛。那些花言巧语、察言观色的人则被认为是不讲仁义的小人。公孙弘将学习的目的歪曲为阿谀取媚，萧诚和柔而善美言，郭霸品尝魏元忠的小便，宋之问为张易之等人端尿壶，赵履温甘为安乐公主拉车的牛马，丁渭在宴会上为寇准擦胡须上的汤渍。这些人载入史册，遗臭万年。

奉承拍马在程度上有轻重之别，不像敬佩和崇拜那样单纯，许多人是在不自觉的情况下充当了对上司唯命是从的角色，而有些人则是出自本意的。这其中有一些比较普遍的原因——保住饭碗：背靠大树好乘凉，有人当靠山比较保险；掩盖真实意图：暗中打算跳槽，不让别人察觉；缓和紧张气氛：何苦兴风作浪，待人和气为好；着眼个人前途：赢得上司好感，有利于个人发展。

打 招 呼

见面打招呼、问好是人们在交往中互相表示友好和礼貌的一种方式。正因为打招呼是人们见面时最简便、最直接的礼节，是人人都需要实施的行为，极具普遍性，在日常生活中出现的频率极高。所以，打招呼的方式也就透露出了关于这个人性格的信息。

打招呼的方式因人而异，从打招呼和应答的方式中，可以反映出人的性格特点。

一、打招呼时双方的距离，可显示出双方心理上的距离

我们相互打招呼的时候，若能通过打招呼的方式察觉到对方与自己之间保持的距离，就会洞察对方心理状态的特点。比如对方在打招呼的时候，故意后退两三步，也许他自己认为这是一种礼貌，表示谦虚，然而这种小动作往往让人误解是冷漠的表现，以致话题无法展开，同时也难以开怀畅谈。像这种有意拉开距离的人可视为警戒、谦虚、顾忌等情感的表现。如果下意识地保持距离，说明我们对对方的疏远、警戒，试图造成对自己有利的气氛，使对方的心理状态处于劣势。

二、边注视边点头打招呼的人，怀有戒心

一面注视对方的眼睛，一面点头打招呼的人，除了对对方怀有戒心外，还具有对于优势地位的欲望。

有些人在打招呼时，一直凝视着对方的眼睛来点头，其心理是利用打招呼来推测对方的心理状态，并含有对对方保持戒心，希冀比对方优越的表现。

公关专家建议，要想和这种人接近，应特别注意诚意。在这种形态的人前暴露自己的缺点，很容易会被对方瞧不起，所以不能操之过急，应采取长时间接近的方法。

三、不看对方的眼睛打招呼，大都有自卑感

如果你看着对方的眼睛打招呼，但对方不看你的眼睛而作应答，这种行为并不是看不起人。这时，你需抑制自己的情感，以平静心态相对。因为，对方可能是因为怕生人而胆怯，或有强烈的自卑感，并非高傲、瞧不起人，他在此时如同"被蛇看上的青蛙"。那么，你切记不要做那条"蛇"，这样双方才能平等，互相了解。

四、初次见面就很随便打招呼的人，是想形成对自己有利的势态

初次见面就很随和地打招呼的人，往往使人大吃一惊。有人常常认为这样的人很轻浮，其实这种人往往很寂寞，非常希望与别人亲近。去酒吧或俱乐部时，坐在自己旁边的女士，虽然彼此是初次见面，却很亲热地与自己交谈，事实上是那位女士为了使当场的状况变得有利于她自己。公关专家提醒，当遇到"见面熟"的男性时，女性要特别小心，切勿使男性有机可乘。这种男性的性格浪漫大方，是个滥情家，性情懦弱，迷恋女性，且其中不乏游手好闲的男性。

五、虽然经常见面，还是千篇一律地打招呼，大多是自我防卫、表里不一的人

有些人曾经在一起喝过无数次酒，且经常一道工作，但见面时还是千篇一律地打招呼。这种人具有自我防卫的性格。

有的人接到你的礼物时会说："真是谢谢，不要这么客气。"打此招呼的是人之常情。但有些人收到礼物时，却佯装不知道。当你不知道送给对方的礼物收到没有时，接受礼物的人见到你后还是淡然地说："你早。"等旁边没有人时，他会说："前些天，收到了你送的礼物，谢谢你。"这种人多占据重要的位置，所以自己的言谈不能太随便。在工作场所，除与工作有关的事情外，其他的话不必多说。

另有一些人，在工作岗位上看来非常认真，私下却非常喜欢打麻将，这样的人表里反差大，对名誉非常看重。

六、"招呼用语"揭示人的性格

路易斯维尔大学心理学家斯坦利·弗拉杰博士的研究表明，从一个人的打招呼用语，可以了解这个人身上的很多性格特点。能揭示性格的招呼语，是指你刚刚结识某人时与熟人相遇时最经常使用的那一种。斯坦利·弗拉杰博士举出了几种常见的招呼语，每一种均可揭示出说话者的性格特征。

1. "你好！"

这种人头脑冷静得近乎于保守，对待工作勤勤恳恳，一丝不苟，能够控制自己的感情，不喜欢大惊小怪，深得朋友们的信赖。

2. "喂！"

这种人快乐活泼，精力充沛，渴望受人倾慕，直率坦白，思维敏捷，富于创造性，具有良好的幽默感，并善于听取不同的见解。

3. "嗨！"

这种人腼腆害羞，多愁善感，极易陷入为难的境地，经常由于担心出错而不敢作出新的尝试。但有时也很热情，讨人喜爱，当跟家里人或知心朋友在一起时尤其如此。晚上宁肯同心爱的人待在家中，也不愿外出消磨时光。

4. "过来呀！"

这种人大多办事果断，乐于与他人共享自己的感情和思想，喜爱冒险，不过能及时从失败中吸取教训。

5. "看到你真高兴。"

这种人大多性格开朗，待人热情、谦逊，喜欢参与各种各样的事情。这种人是十足的乐观主义者，常常沉溺于幻想，容易感情用事。

6. "有啥新鲜事？"

这种人大多雄心勃勃，凡事都爱刨根问底，弄个究竟，热衷于追求物质享受并为此不遗余力。办事计划周密，有条不紊；遇事时宁愿洗耳恭听，也不轻易表态。

7. "你怎么样？"

这种人大多喜欢抛头露面，利用各种机会出风头，惹人注意；对自己充满了自信，但又时时陷入迷茫。行动之前，喜欢反复考虑，不轻易采取行动；一旦接受了一项任务，就会全力以赴地投身其中，圆满完成前，绝不罢休。

口 头 禅

一、"我妈说"

谈话中喜欢引用母亲说过的话，将"我妈说……"挂在嘴边的人，在心理和精神上尚未独立。有些女性借用母亲的话来表现自己的意志，如"我妈妈说你很有风度"，等等，表明此人可能尚未成熟，没有完全独立的个性。

二、"但是"

当对对方说的话表示不认同，或者持否定的观点时，人们便会使用"但是"这个转折语；当认为对方所说的是错误的，想要反驳或推翻他们的言论时，我们也经常使用"但是"这个词语。

然而有一种人，不论什么时候，都喜欢使用"但是……"来作为开场白。一般在"但是……"后面所接的句子应该是否定的，但仔细听他们接下来所发表的意见，其叙述的内容与前面他人所述大同小异。这种时候本来没有使用"但是"的必要，他们之所以如此，其用意只是为了不想一直扮演"听者"的角色，而希望将谈话的焦点转移到自己身上。这种老爱说"但是"的人，心中常存有否定对方攻击的心理。只要能将对方贬低，通常就觉得自己很伟大。

正因为如此，这一类型的人便常常喜欢滥用"但是"这个词，为反对而反对，为否定而否定。如此一来，原本愉快的谈话也会变得索然无味，即使如此，这类型的人还是常对于他人的感觉无动于衷。

三、"所以说"

常把"所以说……"挂在嘴上的人，是经常会把之前自己说过的话加以强调并爱下结论的类型。他们认为自己在一开始的时候就已经了解所有的事情，颇有先见之明。当别人说出事情的结果时，他们常常会说："我之前不就说过了吗？我早知道结果会是如此。"特别强调自己对事情的发展早已经了如指掌。他们绝对不会说："是啊！你说得对，我也是这么想的。"而往往说："所以说，这件事情就是这样，我之前不就说过了吗？"态度表现得非常强硬、傲慢，并且喜欢将所有的功劳往自己身上揽。

四、"对啊"

"对啊"这个词语是用来肯定对方说的话，这是毋庸置疑的。

五、"嗯！对啊，就如同你所说的"

"对啊！确实是这样，我也有同感。"

类似这些用来赞同对方、认同对方的话，会让对方听起来格外舒服、顺耳，非常高兴地以为原来你的看法和他的一样。

他们不是属于自我意识强烈的类型，个性表现上也不强硬，更不会勉强别人照着自己的步调走，他们通常比较能体会别人的心情，不会硬要别人都必须顺着自己的意思来做。

常说错话

曾经有位奥地利下议院的议长，在宣告议会开始时，一不留神说成了"议会结束"，为什么会这样呢？因为要让这个议会顺利进展的困难颇高，所以议长在心中便有"希望议会尽早结束吧"的愿望存在。这个愿望表现在其不经意的话语中，他本人在意识中清楚地知道议会一定要进行，但在潜意识里又有恐惧、不想面对的心理，两者互相矛盾、冲突，因而引发了这种说错话的行为。

生活中，你有没有在无意识中说出奇怪的话的经历呢？心理学家弗洛伊德认为，说错、听错，或者是写错等"错误行为"，都是将内心真正的愿望表现出来的行为。

通常,说错话的一方都会找出自己是"不小心"、"不是真心的"等借口,但事实上,那不小心说错的话,其实才是真正想说的。这些在我们的日常生活中,可以说是屡见不鲜。

由此可知,常常会说错话的人,可以推断为大部分是习惯性地隐藏真正的自我的人。而且,心中很强烈地禁止自己把这些真心话表露出来。"这件事绝不能讲出来"、"这事绝不能弄错,非小心不可",当你越这么想的时候,便越容易将它说出来。很多人在日常生活中,也会遇到类似的情形吧!越是被禁止的东西,越去压抑它,就越容易表露出来。

总而言之,暗藏在我们内心的许多事情,当你越想要去隐瞒、掩盖它的时候,就越容易说错话或做错事,无意之间让心意表露无遗。

说 粗 话

男人们聚在一起,比较容易说些"有伤大雅"的粗话,尤其是涉及禁忌的词汇更是有人偏爱,朗朗上口。例如,"娼妓"、"淫妇"等与性行为有关的语言,或"凸肚脐"、"狗屎蛋"等牵涉身上排泄物的语汇,好像只有这样才能体现出男子汉的气魄。其实,这类男人是因为内心的欲求不满而粗话连篇的。

我们可以断定,喜欢口出秽言的人,是属于某些方面的欲求不满类型的人物。他们在心理上是时常焦躁不安的,又没有办法去排除,所以长年累月积累起来,只要碰到偶发小事件,他们就借题大肆发挥。积累后的"爆炸"并不一定仅仅针对他不满的对象而发动攻击。一旦被他逮到丝毫机会,无论何时、何人,他一样照说不误。有时候,即使说话的人不是有意的,但对听话的人来说，却在心里结了个疙瘩。听者首先可能会产生"岂有此理"、"不像话"的感觉，进而演变成以更恶毒、更不堪入耳的话来反辱对方，最后出现了愚蠢可笑的骂街场面。

还有一种人有故意在异性面前讲粗话的嗜好，其乐趣在于观看对方的反应。他们常常有意选择那些在对性方面的问题感兴趣，但又对淫秽语言不具有抵抗力并怀有来自生理方面的憎恶感的女性，在不适当的时候提及这类话题，也就是在不该讲粗话时脱口而出。例如，在上班时间，当女同事送文件来的时候，或趁机对埋头工作的女职员讲粗话，以此来欣赏她们的窘态。这些女子听到粗话后，大都会面红耳赤，或者手足无措，甚至惊慌得啜泣不已，而这正是那些人所乐于见到的。对他们来说，说粗话只是前奏，观看女性的反应才是他们真正乐趣之所在。

这种因欲求不满而产生的粗言恶语，说话的人并未考虑会招致何种后果，只是一味地借机吐出心中不快。至于是否会伤害他人，一时便考虑不到了。可见，所谓粗话，只不过是为发泄内心不满，一般并不具有特殊意义，同时又不对我们的身体造成实际上的伤害。所以，除了意欲给予对方致命的打击，而事先在内心一再计划盘算好的蓄意性言语外，对于他人的粗言恶语，最好充耳不闻。

近年来，女性毫不逊色于男人，也学会了激烈地口出秽言和放浪形骸。一些女性说得出比男人说得更露骨、更难听的下流话。在一度盛行的示威活动中，她们也高举标语牌，尖声大叫"混蛋"而面不改色。

乍见从温文尔雅的女性口中，爆出如此没有修养的语言，实在让人寒心。但是，如果我们站在女性的立场上看待这种现象，和男人们一样地用粗言恶语，可以给她们一种与男人们并驾齐驱的感觉，这是妇女解放运动时代典型的女性心理特征。

孩子们特别是男孩子为什么爱说粗话呢？要知道，孩子们如果在父母面前说粗语，毫无疑问地会受到严厉的责骂。所以，粗话通常变成了孩子们之间在相互游戏时的通用语。孩子们彼此都知道"那种话"并没有恶意，只是一项"游戏"罢了，这种"游戏"可以满足他们摆脱被父母教训的逆反心理，可以让他们感到自己也能和大人们说一样的话，自己像个大人了。

好 辩 论

通过辩论，领导者能判断出一个人才学的高低和真假。领导者如果能制造机会，引发一场争论，让大家唇枪舌剑一番，自己隔岸观火，会很容易识别谁是真正的人才。

有的人在辩论时，总是摆事实，讲道理，事实摆得清清楚楚，道理讲得一条接一条，说得人心服口服。这种人稳健大方，思路清晰，反应也快，看问题能抓住本质，而且态度从容，不紧不慢，为人做事有理有据，可托以重任。另外一种人，在辩论中说得别人哑口无言，或者说得别人拂袖而去，不愿再跟他辩论。从这个意义上说，他是胜利者，依靠犀利的言辞战胜了对方。这种人目光尖锐，头脑敏锐，能迅速抓住他人讲话的漏洞而伺机反驳，一张巧嘴能把黑说成白，把错说成对，尽管对方知他无理，却在一时之间找不出确切的话语来驳倒他。他们是业务、外交、法律界好手，但要注意他轻浮不稳的毛病，当心聪明反被聪明误。

有的人与人交谈时，如果大家见解一致，就如涓溪流向大河，彼此和谐融洽。当意见相反，争了几句就离开，或者彼此模棱两可，谈得不冷不热，渐渐地因尴尬而止。这是不善与人交谈的人。这种人说话被动，别人问一句答一句。但当说到他感兴趣的话题时，立刻就像换了一个人似的，侃侃而谈，语若滚珠，甚至会激动起来，仿佛于寂寞山中遇到知音。这种人对生活有激情，苦苦钻研自己的兴趣所在，会成为某一领域的专家。他们不喜欢热闹地方，而爱清静自处，生活欲望也比较清淡，适合于搞研究工作。

和不善交谈的人相反的是善于交谈的人。这种人发现对方听不进自己说的话时，会立刻转换话题，或采用迂回战术，先说些对方爱听的话，找到对方感兴趣的话题，取得对方的赞同后，再逐渐地回到刚才的话题上来。这种人容易博得大家的好感，而且意志坚定，善于思考，敢说敢做，且有毅力坚持到成功。他们用心智做事，会察言观色，适合担任管理、社交类职务。

领导者通天下之理，通天下之辩，才能识人。辩论在求理，正确的辩论者往往具备八种技能，他们的耳朵能听懂对方的意思，思想能创造新理论，眼睛能看出未来的机会，言辞能表达自己的思想，行动能纠正自己的过失，防守能抵挡对方的进攻，进攻能打破对方的防守，找出对方的矛盾而攻击，令对方观点自相矛盾，最后投降。

言为心声，从辩论的技巧中，可以看出各种不同才能的人，领导者还需耐着性子，慢慢观察，才能有所收获。

散布流言

"喂！你知道吗？小李和柜台的陈小姐，好像有什么暧昧不清的关系！"

"前一阵子，他到那个女的公寓过夜的事情，好像被他太太知道了……"像这种对公司的"地下恋情""内部"情报非常清楚、喜欢嚼舌根的人，相信在每家公司中都应该有一两位吧！他们在叙述事情的时候，就好像自己真的身临其境，实况转播一般，十分精彩。但是在这精彩的故事中，往往也掺杂了一些他们个人的想法，添油加醋，进行了一番"艺术加工"。

这种爱夸大事实的人，其实用心是很单纯的，他们只是希望引起周围人的注意，成为大众瞩目的焦点，并且希望在聊天时所有的人都会把重心放在他们身上。因此，针对众人有兴趣的话题，便不厌其烦地添油加醋，让故事听起来更富戏剧性、更具趣味性，其目的不过就是希望引人注目，如此而已。

可是，当身边的人发现，他们所叙述的内容与事实不符合时，便会对他们加以指责。而为了掩饰自己的过失，他们通常会用巧妙的方式蒙混过去。从另一个角度来看，他们在编造故事方面的确具有超凡的才能，如果把这种才能运用在其他合适的地方，不是更好吗？

他们之中甚至有一些人，在自己的谣言被识破后，不但不反省自身，反而将矛头指向拆穿自己谣言的一方。他们认为自己已经没有退路，说谎就说谎，没什么大不了的，要站稳自己的脚跟，绝不能让别人击垮。所以，公司若容许此种事情发生，这会造成员工之间摩擦不断，但是，如果其所说"故事"无伤大雅，这种谣言倒是可稍微调节公司内部沉闷的气氛。

这种喜欢说人是非、道人长短的人，有许多都是因为嫉妒心以及偏见的心理因素造成的。他们喜欢拿别人和自己作比较，"那个人好像买了新房子"、"这次不知道谁会升官"，等等，无时无刻不注意他人的动态，然后与自己比较。这种类型的人和主张"我就是我"的我行我素派的人正好相反，总是会在意他人所做的事情。

找 借 口

马上就找借口是没有自信心的表现。

人们很多时候下意识地试图忘记不愉快的事，做错了事，就马上找借口替自己开脱，把自己的缺点和失败的原因转嫁给他人，强调别人也会出错，来维护自己的自尊心，这种心理机制被称为"防卫机制"或"自我防卫机制"，因而出错的时候也能看出人们隐藏的心理活动。

不管出了什么差错，马上找借口的人，对自己缺乏自信，仅仅考虑怎样才能转嫁责任。这种人胆小而神经质，有过于在意他人看法的倾向，比起自己的意愿来更愿意遵从周围人的意见。

他们以为即使犯的是小差错，也会被人耻笑，所以最好是随着别人的想法办事，万一失败，也不会一个人受责。

归根结底，找借口的目的就是要把自己努力和行动力不够的缺陷正当化。可是，如果不承认自己的过错，即便一时转嫁了责任，以后也会给人留下坏印象。

另外还有一些有负面效果的讲话方式。说者似无心，但它隐藏了发言人的性格、真实想法以及企图从心理上操纵对方的愿望，下面我们举几个例子。

一、对公司和上司牢骚满腹

一张嘴就是对工作的牢骚，如果老是这样，耐心的人也会听厌了。牢骚和不满多的人，一般比较消极，缺乏行动力。

这种人每天晚上抱怨要辞职而一直没有辞职的迹象，也没有开始寻找工作的活动。他们不过是靠发牢骚来泄私愤而已。

二、我早就知道会这样

回顾已经发生的事时说的话，如"那时我就知道不行""从一开始我就知道会是这种结果"。这类说法多用来表达一种否定的意见和情绪。

如果是为了反省自己失败的原因还情有可原，但如果一贯是这种腔调，有人会想问他"那你为什么不早告诉我？"对方肯定会这样回答"不是上司不同意嘛！"总之他的意思是：原来我就这么想，结果应验了。我有先见之明，而造成失败的原因是上司无能。他的目的是转嫁责任给上司。爱发表这类言论的人大多是事后诸葛亮，缺乏信用，不能委以重任。

三、那时要是这么办的话

回顾过去时老是后悔不已:"那时我要是这么办就好了!"

"那么好的机会,要是不回绝就好了","那时我要不那么固执,就不会和女朋友分手了",等等。他们想说的是:如果当时采取了另外的行动,结果就会不同。老爱这么说的人性格消极,缺乏行动力,结果通常是丧失机会而导致失败。

谎　　言

我们对别人说的很多话都是不真实的,经常会有谎言、胡话、捏造、欺瞒、厚颜无耻的弥天大谎。据估计,我们每天会对碰见的1/3的人撒谎。人们在努力给对方留下好印象时普遍撒谎,这在约会和恋爱中十分常见。马萨诸塞州大学的罗伯特·费尔德曼发现,在参加他的研究项目的人中,有60%的人在10分钟的会面中,至少撒谎一次,多数人都在这段时间里撒谎2~3次。

对于撒谎的研究表明,男女在撒谎的数量上没有任何区别,但在谎言的形式上却有很大不同。男性制造谎言,可能是为了给别人留下深刻印象,女性撒谎却可能是为了让其他人感觉良好。女性比男性更倾向于表达积极的主张,无论是关于他们喜欢的还是不喜欢的。因此,当女性面对令人心烦意乱的困境的时候——比如收下一份自己不想要的礼物或者可能为了保护他人的情感不受伤害时,会撒一个善意的谎言。

一、撒谎者的眼神

很多人认为转移目光是撒谎的信号。他们假定,那是因为撒谎者感到内疚、心虚和忧虑,从而很难用眼睛直视被欺骗的人,所以转而看别处。但事实并不是如此。

凝视的模式是相当不固定的，有些撒谎者移开他们的眼神，有些却反而增加注视别人的时间。因为凝视是很容易控制的，撒谎者可以用眼神来强化这样的印象——自己是诚实的。在知道他人觉得转移目光是撒谎的信号之后，许多撒谎者反而做完全相反的动作，故意更多地注视对方，给人他们在说实话的印象。所以如果你想知道别人是不是撒谎，不要仅限于注意眼神的变化。当某个人比平时更专注地看着你的时候就要注意了。还有一个假定的撒谎信号是快速眨眼。当我们变得兴奋或者思维快速运转的时候，眨眼的频率会相应增长率加。人普通的眨眼频率大概是每分钟20次，但是当我们感觉到压力的时候，可能会提高4~5倍。人在撒谎时往往很兴奋，或撒谎者在为一个问题笨拙地寻找答案的时候，他们的思维会快速运转。在这种情况下，谎言同眨眼的确有关系。但是我们要记住，有时候一个人快速眨眼，不是因为他在撒谎，而是压力很大。

二、撒谎者的动作

焦躁不安和不自然的手部动作同样被认作撒谎的信号。根据这种假设，人在撒谎时会变得很不安，这样使得手也处于紧张中。正如我们早先提到的那样，有一类姿势叫作"适应动作"，包括摸头发、挠头皮或者搓手掌。人在撒谎时，有时会感到心虚或担心被发现，这种担心会导致他们作出"适应动作"。这种情况往往发生在代价很大或者这个撒谎者不善于撒谎的时候。不过在更多的时候，发生的情况正好相反。同样，因为撒谎者害怕暴露自己，所以他们会刻意控制自己日常的动作习惯。结果他们的动作可能不是更活跃，而是更少！

和眼睛一样，手的动作往往也能被置于意识的控制之下，这就是为什么手不能作为关于谎言的可靠信息来源的原因。但是身体的其他部分，虽然同样受意识控制，但不被注意，容易被忽视，它们常常能提供关于谎言的有效的线索。关于撒谎行为的研究表明，人在撒谎时，身体的下部会比身体的上部提供更多的信息。当把关于某些人的录像放给其他人看，让他们判断谁在撒谎、谁说实话的时候，如果被拍摄的是身体的下部，那么判断往往是准确的。显然，双腿或双脚对撒谎者来说是被低估了的判断谎言的信息。现在看来，似乎撒谎者都有努力把别人的注意力集中在他们的手、胳膊和脸部等隐秘处的动作，因为他们知道其他人会观察这些部分。由于脚很隐蔽，所以撒谎者往往不去注意。但是，往往脚或者腿的一个细微的动作调整，就能出卖他们。

三、撒谎者的鼻子和嘴

有一个暴露谎言的姿势是"捂嘴"。发生这种情形时，看起来好像是撒谎者非常警惕地捂住了欺诈的源泉。他们心中认为，如果人们看不到他们的嘴，就无法知道谎言来自何处。"捂嘴"的动作很多，包括从用手完全掩住嘴巴，用手支住下巴，到一根手指悄悄摸一下嘴角。通过把手放在嘴上或靠近嘴巴，撒谎者可能表现得像个罪犯，他们无法抵挡回到犯罪现场的诱惑。而这正好和罪犯一样，因为手的动作把自己的内心世界暴露给了观察者。在任何时候，我们大多能知道，摸嘴是企图掩盖谎言。

不过，有一个替代摸嘴的行为，就是摸鼻子。通过摸鼻子，撒谎者体会到了掩嘴的瞬间安慰，又不用冒险把人们的注意力引向自己的行为。在这个动作中，摸鼻子是掩嘴的替代行为。这是一个鬼鬼祟祟的身体语言，看起来好像某人在挠他的鼻子，但其真正的目的是掩住嘴。

还有一种观点认为，摸鼻子是欺骗的标志，但是这个动作和嘴没有关系。这个观点的支持者之中的阿兰·赫希与查尔斯·沃尔夫一起，对比尔·克林顿于1998年8月给大陪审团的证词作了详细的分析，那时候这位总统否认曾与莫妮卡·莱温斯基有染。他们通过录像发现，当克林顿说真话的时候，他几乎不碰自己的鼻子，但是当他在解释与莫妮卡·莱温斯基发生韵事的问题上撒谎时，平均每4分钟摸一下鼻子。赫希管这个叫"匹诺曹综合征"，这是根据那个著名的童话人物命名的。这个人物每次撒完谎，木头鼻子都会变长。赫希指出，人在撒谎时，鼻子会充血，通过摸鼻子或擦鼻子，这种感觉能够得以缓解。

至少有两种观点反对"匹诺曹综合征"的说法。一种认为摸鼻子仅仅是紧张的征兆，而不是撒谎的信号。另一种观点认为，人在撒谎时，会感到焦虑，害怕被人发现，而这些情绪都与面部的血液流通减少有关。换句话说，它导致的是血管收缩，而不是血管扩张。这是罗格斯大学的马克·弗兰克的观点。弗兰克还指出，关于撒谎的试验研究表明，摸鼻子并不是一种普通的欺骗信号。当然这可能是因为摸鼻子的行为并没有出现在实验场所。在那里赌注很低，即使谎言被揭穿，人们为此支付的成本也不太高。还有这样的可能，摸鼻子并不是人人适用的欺诈标志，它可能只是某些人（包括克林顿）的商标式肢体语言。

最后还有一种可能性，就是摸鼻子与谎言或焦虑毫无关系，但它是表示拒绝的一种无意识形式。雷·伯德惠斯戴尔认为，一个人在另一个人面前摸鼻子，显露出他并不喜欢对方。正如他指出的那样：对美国人来说，摸鼻子和单词"No"一样，是表示拒绝的标志。根据这种解释，可以把比尔·克林顿在大陪审团面前摸鼻子，视为他对质问者的深深厌恶的表示，而不能把它视为揭露事实的线索——他正在对他们撒谎。

在这场争论中，依然存在着一些未解决的问题。我们在说某人撒谎时，究竟要表达什么意思？是说我们知道他在撒谎，还是说我们不得不相信，他没有讲出实情？正如马克·弗兰克指出的那样，在比尔·克林顿案件中，与他有关与莱温斯基发生韵事的证词密切相关。有人认定克林顿知道自己在撒谎。也有人坚称，根据克林顿关于性的定义和他建构证据的方式，他根本没有撒谎。由此带来一个有趣的问题：有些人必须说服自己，自己没有撒谎，另一些人从一开始就坚信，自己讲的都是实情，这两类人在行为上是否存在差异呢？

四、和撒谎者交谈时的观察点

多数人相信，撒谎者暴露自己是因为他们做了什么，而不是因为说了什么，怎么说的。但是，真实情形截然相反。揭露谎言的最佳提示，要从人们的言语而不是行动中寻找。英国朴次茅斯大学的阿尔德特·威瑞认为，人们在试着抓出撒谎者时，过多地注意身体语言的行为，不太注意言语暴露出的信息。阿尔德特·威瑞指出，这表现在这样一种倾向中：人们高估了通过观察某人的行为来识别谎言的可能，低估通过倾听他说了什么来抓住撒谎者的机会。

交谈有以下几个特征，给识别谎言提供了线索。有些特征涉及他们说话的内容，有些特征涉及他们说话的方式。

1. 迂回陈述

撒谎者往往拐弯抹角地说话。他们常常离题万里，提供冗长的解释。但是当被提问的时候，他们可能提供简短的回答。

2. 泛泛而论

撒谎者的解释往往是粗枝大叶，很少注意到细节。他们几乎不提时间、地点和人们的感受。比如说，一个撒谎者会告诉你，他去吃比萨，但是他不会告诉你，他去哪儿吃，或者他要了什么品种的比萨。即使撒谎者提供了细节，他们也几乎不能详细地说明这些细节。所以，如果你要求一个撒谎者作详细说明，他很可能只是重复刚说过的话。一个说真话的人被问到同样的问题时，通常能够提供更多新的信息。

3. 施放烟幕

撒谎者提供的答案往往故意混淆视听：它们听起来好像一清二楚，实际一塌糊涂。说到没有意义的言论，比尔·克林顿在保拉·琼斯性骚扰一案中的著名回应就是一例。当被问及克林顿和保拉·琼斯是什么关系时，克林顿回答说："这取决于'是'是什么意思。"另一个例子是被控逃税的纽约市前市长大卫·丁金斯的辩护词："我没有犯法，我只是没能按照法律要求的去做。"

4. 矢口否认

政治谎言往往以矢口否认的形式表现出来。想想比尔·克林顿那著名的矢口否认："我没有和那位女士——莱温斯基小姐，发生性关系。"当政客否认他要推出新措施（比如税收）时，人们通常会把这当成他就要推出新措施的信号。正如奥托·冯·俾斯麦所言："不要相信政治中任何事情，直到被正式否定。"撒谎者更可能使用否定性的陈述。比如说，在"水门事件"期间，尼克松总统说："我不是个骗子。"尼克松总统并没说："我是个诚实的人。"

5. 斟词酌句

撒谎者很少提及自己。与讲真话的人相比，他们使用诸如"I"（我）、"me"（我）、"mine"（我的）之类词语的频率低得多。撒谎者在话语中往往泛化，频繁使用诸如"always"（总是）、"never"（从不）、"nobody"（没人）、"everyone"（人人）等词，借此在精神上使自己远离谎言。

6. 免责声明

撒谎者有可能使用诸如"你肯定不会相信这个"、"我知道这听起来很怪异，但是"、"我向你保证"之类的免责声明。类似于这样的免责声明，是专门用来认可别人的疑心的，目的在于减少别人的疑心。

7. 措辞拘谨

当人们在非正式的场合说真话的时候，他们更可能使用省略方式。比如，他们不说"do not"而说"don't"。在同样的场合，撒谎的人却可能说"do not"而不是"don't"。之所以如此，是因为人在撒谎时，变得更紧张也更正式。

8. 时态

撒谎者没有意识到，他可能有一种倾向，就是加大他们与他们所描述的事件之间的心理距离。正如我们已经看到的那样，他们这样做的一种方式是斟词酌句，另种一方式是使用过去时，而不是现在时。

9. 语速

撒谎需要大量的智力工作。因为除了评估自己谎言的可信程度外，撒谎者还要将真相和谎言分开。这对撒谎者的能力有很高的要求，使得他把说话的速度放慢了。人们之所以在撒谎前要停顿一下，是因为撒谎的语速往往比讲真话的语速慢，原因就在这里。当然，如果谎言被小心翼翼地排演过，情形自然不同。在这种情形下，撒谎的语速与讲真话的语速是没有区别的。

10. 停顿

撒谎者撒谎时多有停顿，某些停顿充满了"嗯嗯啊啊"的语言顿字符。编织谎言时涉及的认知工作也会导致更多的语误、口误和开口错。在"开口错"中，人们刚说出一句话，然后再用另一句话取而代之。

11. 音高

某人声音的高低，通常是他们情绪状态的指标。因为，一旦人们心烦意乱的时候，音高就会增加。情绪与音高紧密相关。当人变得情绪化的时候，音高就会改变。音高的改变是很难掩饰和隐藏的。尽管音高的增加相当稳定，但通常有必要在听过某人在其他场合的发言后，再来确定他的音高是否增加了。

虽然如今人们大量谈及某些与撒谎相关的行动，但是并不存在能够表明某人撒谎的特定行为。它们只可能表明，某人处于冲突的状态时，受到强烈情绪的影响，正努力掩盖自己的难堪，但不能由此得出结论说，他们在撒谎。正如保罗·艾克曼所言，欺诈没有标志可言。任何姿势、面部表情或肌肉抽搐，都不能证明某人在撒谎。另一个研究撒谎的权威贝拉·德保罗重复了这个观点。贝拉·德保罗指出，行为标志、语言标志与欺诈之间的关系是很成立的。它们可能与欺诈相关，但并不完全相关。

虽然没有绝对可靠的识别谎言的方法，但你还是可以做些事情，以增加识破撒谎者的可能。

要成功地识别一个谎言，你需要把你的标准定得既不高也不低。这样你可以避免得出这样的结论：要么从来没人撒谎，要么人人始终撒谎。

只要有可能，就要把下列两者加以对比，其一是某人被认为是在撒谎时的行为，其二是他在说真话时的行为。

为了成为一个优秀的谎言识破者，你还应该关注意识控制之外的行为，或者人们容易忽略的行为。如果有机会，把你的注意力更多地集中在他人说了什么以及说的内容上，而不是他们做了什么。

我们有必要搞清楚那个谎言是自发的还是经过预演的，是低赌注的还是高赌注的，这一点很重要。在赌注很低或那个谎言经过了预演时，完成识别谎言的任务要困难得多。

要想识破一个谎言，你应该始终注意更广泛的行为线索和言论线索。如果你认为依靠单一线索就识破了一个撒谎者，那是你在自欺欺人。

第4章
高矮胖瘦的人心奥妙，体型不同心思各异

体型，是指人的身材体态和高矮胖瘦，它是人最明显的外部生理特征之一。体型与人的性格、心理相关的观点在日常生活中是很流行的，在中国的"相面术"中就常常把人的性格、心理同人的外部相貌、体型特征联系起来。20世纪西方学术界对此也多有探讨，然而这些研究结果往往与研究样本有相同社会环境和生活经历的人群更加符合，并不适用于所有的人。

肥胖型而脂肪质的型态

脂肪质而肥胖型的体型之特征,是胸部、腹部和臀部十分宽厚。因腹部附着脂肪,所以从整体看来,像是有很多肉。一般说来,中年是最容易肥胖的年代,因开心过度而肥胖。

同这种体型的人接触,你可以感受到对方开放而浓郁的人情味。这种人日常十分活跃,一旦被人奉承时,任何事情均愿代劳,虽然该人口头上说"很忙",但事实上,终日感受着忙碌的乐趣。这种人偶尔也会忙里偷闲,是个风趣的可爱人儿。

一方面,这种人兼有开朗、积极、善良、单纯的多重性格,快乐、幽默;另一方面,这种人具有稳重和正反两面的性格,特别是处于欢乐和苦闷的时候。

如果你和这种人或这种上司交往的话,因为他们会是开放的社交人士,因此,在你们初次见面的那一瞬间,即能一见如故、相谈甚欢。

略带纤瘦而肌体结实的型态

这种体型略显纤瘦,但体态结实,自我意识特别强烈,且很固执,对任何事情都表现出挑战意味。有强烈的信念,满怀信心,不论遇到怎样的苦难,都以成功的目标去努力。

这种人大多有强烈的信心,加上判断灵敏,做事果断,在商业方面实在是前途无量。相反,当这种信念误入歧途时,就会变得专制、高傲、猜忌、蛮横,这些特点表露无遗。一旦一个念头缠在脑子里,想要更改会非常困难。

这种型态的人大多缺乏魅力，但是个有能力且相当强势的人。

与这种人交往时，绝不能与之相互对立。这种人具有竞争性、攻击性，直至自己被别人认可为止，否则会拼命主张自己的观点。

纤瘦型的型态

此类型者，是很难应付的人。若为女性，性格刚强，一旦发怒后果将不可收拾。

这种类型的人大多特征是冷淡、冷静，然而性格复杂又无法合理地表明立场。因为这种人有相互矛盾的分裂特质。比如对于幻想兴致勃勃，保持快乐的一面，不喜欢被人打探隐私，心事仿佛用冷酷的面罩笼罩着。对于这种人，有人会因不喜欢而将其视为平凡的朋友交往，有人感觉到这种人具有不易接近的贵族气质，具有特殊罗曼蒂克的气氛。

这种人对无关紧要的事大多固执己见、怪癖、不变通、倔强，并且呆板。这种人因为性格、作风比较细腻，其优点是对文学、美术、手工等兴致盎然，且对关注的事物有敏锐的感觉。他们舍得拿出自己的金钱，尽力为大众服务，在社交上拥有非常优雅的方式。

与这种人交往时，应了解对方性格、作风纤细而且善良的特点，他们属于采取慎重生活态度的人。这种人如果表现犹豫不决时，你必须耐心等待。

筋骨强壮而结实的型态

筋骨强壮而体格结实是坚韧质型态的人。这种人的第一特征是筋肉和骨骼发达、肩膀宽大、脖子粗,故从事举重、摔跤和土木建筑方面的工作,渴望出人头地。然而,在公司、银行当经理的人也会有这种型态。他们做事认真、踏实,当公司或银行的经理是恰到好处的,因为坚韧是这种人的第一特征。

你的同事中,如果有人经常把抽屉整理得很干净,或应当发出去的信绝对不会忘记,字也写得端端正正,那么他应该是典型的具有坚韧质的人。

第二特征是情意浓厚、注意秩序,过着踏实的生活。

第三特征是动作慢"半拍",经常有打圈圈的地方,此特征在交谈间会表露无遗,连写信也通常是形容词用得很多。

按照上面所说的各个特征,这种人虽很可靠,但因缺乏情趣而显得呆板。被妻子要求离婚的,也是以这种类型的人居多。

这种人比较固执,对任何事情都很刻板地去考虑。因此与这种人打交道时必须知其性情,要经常与他们交谈,沟通思想并热情相待。

体型与人格类型

美国医生谢尔登继承并发展了克雷奇米尔的理论。他区分出三种体型:内胚层型(柔软、丰满、消化器官发达);中胚层型(肌肉发达、强壮有力);外胚层型(瘦长、虚弱、神经系统敏感)。由此,他划分出三种人格类型。

内胚层型占主导的人大多为"内脏优势型",其特征是悠闲、好吃、行为缓慢、喜社交、宽宏大量,其心理特点为人平和、善解人意。

中胚层型占主导的人大多为"身体紧张型",其特征是自信、大胆、健壮、精力充沛、冒险冲动,心理特点为任性、刚愎自用。

外胚层型占主导的人大多为"大脑紧张型",其特征是内向、拘谨、胆怯、不好社交、工作热心负责、爱好艺术,心理特点为懦弱、稳重。

第5章
身体会说话,破译肢体语言的密码

肢体语言是指非词语性的身体符号,包括目光与面部表情、身体动作与触摸、姿势与外貌、身体的空间距离等。

我们在与人交流沟通时,即使不说话,也可以凭借对方的肢体语言来探索他们内心的秘密,对方也同样可以通过肢体语言了解到我们的真实想法。人们可以在语言上伪装自己,但身体语言却经常会"出卖"他们。因此,解译人们的体语密码,可以更准确地认识自己和了解他人。

破译肢体语言的密码

古时候的寓言故事中,有一个叫严监生的人,他病重得一连三天不能说话。晚间挤了一屋的人,桌上点着一盏灯。严监生喉咙里痰响得一进一出,一声接不上一声的,总不得断气,还把手从被单里拿出来,伸着两个指头,大侄子走上前来问道:二叔,你莫不是还有两个亲人不曾见面?他把头摇了两三下。二侄子走上前来问道:二叔,莫不是还有两笔银子在哪里,不曾吩咐明白?严监生把两眼睁得溜圆,把头又狠狠摇了几下,越发指得紧了。奶妈抱着公子插口道:老爷想是因两位舅爷不在跟前,故很挂念。严监生听了这话,把眼闭着摇头,那手只是指着不动。其妻赵氏慌忙揩揩眼泪,走近上前道:"爷,别人都说得不相干,只有我晓得你的意思……你是为那盏灯里点的两根灯草,不放心,恐费了油。我如今挑掉一根就是了。"说罢,赵氏忙走去挑掉一根。众人看严监生,点一点头,把手垂下,顿时就没了气。

这是吴敬梓在《儒林外史》中所描写的一幕(改写版)。在这里且不论以吝啬出名的严监生是如何的让人可笑可叹,单论这身体语言在表达上不仅能起到重要的辅助作用,甚至可以替代语言直接发挥自己传播信息的作用。

已故美国著名记者约翰·根室在《回忆罗斯福》一书中写道:在短短的20分钟里,他的表情有稀奇、好奇、吃惊或关切、担心、同情、坚定、庄严,还有绝伦的魅力,但他却只字未说。

肢体语言是内在情感的外部显现。它通过眼神、面部肌肉运动、手势等诸多无声的体态语言形象化、生动化,以达到先"声"夺人、耐人寻味的效果。它能充分弥补语言表达的不足,并可帮助接受信息的人深刻、准确地把握言事意旨,有效地避免因言语表达的匮乏而带来的误解。在长辈直言怒斥后生时辅以爱抚、安慰的眼神，会叫人心悦诚服；在妻子需要袖手旁观的丈夫做家务帮忙时，伴有一个亲昵、温柔的举动，会让丈夫饶有兴趣地来参与；在向下属吩咐工作时附上一个善解人意的微笑，则能令他心情舒畅，潜心攻关，如此等等。多一点抚慰，少一分隔阂；多一点微笑，少一分误解。灵活有效地使用体态语言，给平淡乏味的语言润色，就会避免因语言不详而导致的言语沟通中的麻烦与障碍。

无声和有声语言相得益彰

我国战国时期的著名思想家孟子说："征于色，发于声，而后喻。"也就是说，说话要表现在神态上，表达在言辞中，才能被人理解。孟子是一个十分擅长辩论的人，他从大量的口语交际实践中发现，有声语言的不足，需要用神态去补充，才能更好地达到交际的目的。在著名的"蔺相如不辱使命"的古文中，赵国使臣蔺相如在维护国家尊严，完璧归赵的情节中，"持璧"的行动和"睨柱"的神态同铿锵有力的语言相呼应，取得了十分突出的表达效果，使残暴的秦王也不得不赶紧道歉。如果蔺相如在说"臣头今与璧俱碎于柱矣"时，只是表情木然，站在那里没有任何行动，就绝不可能取得上述的表达效果。

人类的动作、表情是本能的，每个人平时说话都会不知不觉地作出某些表情动作。人们说话时变化的目光，或喜或怒的神态，举手投足的动作，经常同所表达的内容密切相关，同时也反映出说话人的修养。事实上，你同另一个人见面，虽然尚未正式开口说话，但交际活动已经开始，双方的眼神、表情、动作都在传递着信息。说话时对方不仅在听，还在看。皱眉头，嘴角向下撇，那显然是话不投机；和颜悦色，笑脸相对，说话就易于顺利进行。

因此，在口语交际过程中，我们必须给这种无声的身体语言以应有的关注。如果在说话时能够恰到好处地运用身体语言，就能够使重点突出，使自己的表达更有感情、更形象生动，因而更富有吸引力和感染力，交际的效果会比单纯凭借有声语言好得多。大家知道，电视的宣传效果比起电台广播更突出、更明显，原因之一就在于：电视节目同时作用于人的视觉和听觉，而电台广播只作用于人的听觉。

一个人的身体语言和有声语言，是构成其语言的两种重要形式。每个人在运用的过程中，针对不同的对象、场合等情况，有时可单独使用，有时也可将两者结合使用。但更多的情况下，要注意身体语言和有声语言的相辅相成的关系，更好地发挥自己言语的效能。

名著里的肢体语言解读

"貌"字，《说文》作"皃"："象人面形"。《穀梁传·桓公十四年》有："望远者，察其貌而不察其形。"范宁注："貌，姿体。"看来，"貌"之本义，除了指人的高矮、胖瘦、俊丑等本身条件外，还包括"体态"和身体语言。人们通常讲"鉴貌辨色"（见《景德传灯录》），且相信"闻名不如见面"（见《北史·烈女传》），主要原因就在于，通过身体语言往往能够洞察对方的内心世界，辨识对方的性格特征，正如达·芬奇所说：容貌真能显示出人的性情，表露他的罪恶。比如：在心急如焚的情况下，有的人好用嘴咬手指、眼镜、铅笔或其他小物件，这种人往往性格过分内向，喜好我行我素；有的人则好用指尖轻捋头发，轻搔面部或把食指放在嘴唇上，这种人往往性格达观，处事泰然；还有的人好抚摸下巴（一般是男人），这种人一般是理智型，处理问题老练、审慎。某些心理学家甚至认为，人们吸烟的姿势也与性格有对应关系，吸烟者的不同形态分别被标上了不同性格心理标签。古希腊的哲人甚至认为根据足形可以确定人的性格，比如在关于杰出人物波吕克塞娜和阿斯帕西娅的记述中，曾专门提及她们的脚形优美，而帝王多米齐安的丑陋脚形在史书中也有记载。

在多种艺术形式中，艺术家们通常都是以人的体态作为心理外现的描绘，从而构成美的特征形式的。达·芬奇的名画《最后的晚餐》（以耶稣被钉死的前夜和十二门徒举行的最后一次晚餐为题材）就是通过描绘十三个人所表露的各自不同的神情状态的一瞬间而揭示出其真实内心的。拉奥孔雕像表现的是被巨蟒致命地袭击所造成极大的恐慌，也是通过身体所有部位的"肌肉运动已达到极限，它们像一块块的小山丘相互紧密毗连，表达出在痛苦和反抗状态下的力量与极度紧张"。尤卢娜雕像，以大而突出的眼睛所传达的目光显示出王权的骄傲。帕拉斯雕像的眼睛不那么突出，也睁得不大，头的动态没有傲慢的气派，目光略微向下，似乎在静观之中，这象征着少女的纯洁心灵。而维纳斯的雕像，下眼睑有些向上弯曲，使她微微启开的眼睛有一种诱惑人的、倦怠的表情，流露出她圣洁的爱心。狄安娜雕像目光总是置邻近物体于不顾，直射远方，这与她的少女模样、急速行走的姿势和外向型的心理特征是吻合的。

优秀的作家同样在这些方面观察得十分细腻，例如，我国古辞《陌上桑》里说：行者见罗敷，下担捋髭须。少年见罗敷，脱帽著帩头。耕者忘其犁，锄者忘其锄。

这首诗中通过描绘旁观者看到罗敷后种种忘情的肢体语言，惟妙惟肖地表现了这些人对她美丽姿容的惊慕与倾倒的心理。

再如施耐庵的《水浒》第八回写道：智深抡起禅杖，把松树只一下，打得树有二寸深痕，齐齐折了……董超、薛霸都吐出舌头来，半晌缩不入去。

想要加害林冲的两个公差，被鲁智深的神勇之举吓呆了。肢体语言暴露了他们猥琐、恐惧的心理。

张天翼的《清明时节》里面写道：兔二爷吃得很多，下面两条腿竟老远地伸到前面，一直碰着对面谢标六的脚。易良发索性脱了鞋子，把右脚抬到自己椅子上踏着。犹开盛老是不安似的移动他的腿，手也在桌面上没停止过动作，时时对他两个同伴使眼色。接着大家把杯子端到嘴边喝干。他们仿佛是自己斗伙吃喝似的，仿佛除了他们三个就再没别的人。

小说中的谢老师为出出恶气，请这三位"爱管闲事的兵大爷"吃饭。这三人的"坐姿"出神入化地显示了他们粗鲁、剽悍的兵痞习性。

奥地利作家斯蒂芬·茨威格的小说《一个女人的一生的24小时》中说：贪婪者的手抓搔不已，挥霍者的手肌肉松弛，老谋深算者两手安静，思前虑后者则关节跳弹。作家出色地描绘了绿色赌台上赌徒们千姿百态的手势，从中透视出形形色色的人的不同的内心世界。

中国古典文学常常没有西方文学那样连篇累牍的直接心理描写，主要是通过人物肢体语言地细致刻画来展示芸芸众生的心态。

如《诗·周南·关雎》中用"求之不得，寤寐思服。悠哉悠哉，辗转反侧"来表达殷切思恋。

《诗·小雅·正月》中用"谓天盖高，不敢不局。谓地盖厚，不敢不蹐"来表达小心谨慎的心态。

《诗·邶风·静女》中用"爱而不见，搔首踟蹰"来表达爱恋焦躁。

《战国策·触龙说赵太后》中用"左师触龙愿见太后，太后盛气而揖之"来表达盛怒作色。

《庄子·至乐》中用"髑髅深矉蹙頞"来表达心事重重。

《礼记·玉藻》中用"执龟玉，举前曳踵，蹜蹜如也"来表达小心翼翼。

《淮南子·精神训》中用"蜷局而谛，通夕不寐"来表达心神不安。

《史记·扁鹊仓公列传》中用"中庶子闻扁鹊言，目眩然而不瞚，舌挢然而不下"来表达惊讶畏惧。

《史记·屈原贾生列传》中用"屈原至于江滨，被发行吟泽畔，颜色憔悴，形容枯槁"来表达悲愤颓唐。

《后汉书·李固传》中用"固独粉饰貌，搔头弄姿"来表达故意做作。

《文心雕龙·乐府》中用"然俗听飞驰，职竞新异；雅咏温恭，必欠伸鱼睨；奇辞切至，则拊髀雀跃"来形容厌庸喜奇。

李白的《梦游天姥吟留别》中用"安能摧眉折腰事权贵，使我不得开心颜"来形容低三下四。

韩愈在《送李愿归盘谷序》中用"足将进而趑趄，口将言而嗫嚅"来表达踌躇未决。

苏轼在《方山子传》中用"俯而不答，仰而笑"来形容清高超逸。

秦简夫在《东堂老》中用"你这般搣耳挠腮，可又便怎生"来表达焦急无计。

施耐庵在《水浒》第一回中用"洪太尉倒在树根底下，唬得三十六个牙齿，捉对儿厮打……浑身却如中风麻木，两腿一似斗败公鸡"来形容极度恐惧。

在《水浒》第三回中用"智深见没人说他，每到晚便放翻身体，横罗十字"来表达鲁莽憨直的性格。

肩语：威武、娇媚的展示

肩部的动作可以表达攻击、威严、安心、胆怯、防卫等意思。美国的肢体语言研究学者鲁温博士分析说，向后缩的肩膀表示因积压的不平、不满而引起的愤怒；耸肩表示不安、恐怖；使劲张开两手的肩膀代表责任感的强烈；向前挺出的肩膀代表压力重大引起的精神负担等。然而不论情况怎样，肩部均可特别视为象征男性尊严的部位。

除了男性以外，女性柔滑、狭小的肩膀属于娇媚的表现。第二次世界大战结束后，在"男女平等"口号的带动下，曾经一度流行在妇女服装加入垫肩的"美国式时髦"。但是，那也只是主张男女平等的"坚强女性"最为崇拜的时尚。后来取而代之的反而是强调"女人味"的"法国式时髦"，而这种演变的出现，是因为女性们感到柔滑狭小的肩膀更能展示自己的形态美。就像男人需要宽厚的肩膀显示威武一样，女人也要用她们的肩膀呈现娇柔。男人将大衣或西装上衣搭在肩上走路，这是在下意识之中想体现"男性气概"。这种男人通常不会弯腰驼背、衰弱无力地走路，而是挺胸、迈开大步向前走。

腰语：性感的线条符号

腰部的无声语言，女人相对男性来说，要微妙得多。女人的腰，是除了女人的臀部和胸部以外的性感符号，它常常是以无声的线条来表达的。线条和色彩是人类在有声语言之外最具表现能力的无声语言。女人的腰，就是一个线条符号，任你怎么理解。

1. 弯腰
见人即弯腰行礼是日本女人的见面语言，弯腰所形成的曲线是柔美的、温顺的、流畅的，从而形成一种光滑的外表，给人一种柔美的感觉。

2. 叉腰
把两手叉在自己的腰上，这种形象就像两只鸡斗架的形象。这是女性一

种双向的对外扩张，表示出内心的愤怒和力量。

3. 仰腰

仰腰是一座不设防的城市。这叫做女人的"无防备的信号"。如果女人坐在沙发里，用仰腰的形式对着异性，一般的情况有两种：一是对于眼前这个男人绝对的信任，绝对的尊重，她觉得他不会给她带来伤害；二是妓女的一种招数，她告诉眼前的男人："请跟我来"。

4. 扭腰

扭腰使腰呈现S型，这是性的象征。凡是女人扭腰或者扭动臀部，都蕴含了招惹异性的信号。这种语言，在服务小姐、女模特的身上，会经常看到。

5. 抚腰

俗话说，没人爱，自己爱。有些女人常常在没有男人抚摸时自我抚摸腰部，这种自我抚摸是一种"自我安慰"的行为，同时也是一种"自我亲切"的暗示。

第6章
十指葱葱有密语，手是人的第二张脸

在人的行为举止中，手势是十分突出的。演讲、教学、谈判、辩论乃至日常交谈，都离不开手势。

手势是加强语言感染力的一种辅助动作，但绝不能代替语言。乱动手有两种情况，一是下意识的举动，如搔首弄姿、拉耳掰手，或甩甩铅笔、摆弄锁链之类，无非是掩饰一下内心的不安；另一种情况，有些人主观上为加强语气而特意采取的手势动作。手不随意乱动，充分显示稳重、诚实、温雅，令人敬慕。使用手势并无一定规律，识人时只能从外表观察，从而了解内心寻找依据。

第6章 十指葱葱有密语，手是人的第二张脸

手是人的第二张脸

手，就是人的第二张脸。曾有人说，要看一个女人是否养尊处优，只要看她的手就足够了。手能说明很多东西，并且不像脸那样经常加以伪装。它们不只揭示一个人的性别、年龄，而且更能揭示一个人的性格、意图。观察一个人的手，会对你了解那个人产生较大的意义。在这里，我们将探讨各种类型的手，以及它所刻画出的主人的性格和意图。

一、魅力之手

修长、柔软类型的手，是天然所生的，它不会被创造，也不会被改变，它只能是一脉相传的。它是人类除血液外，唯一高贵的东西。

它和主人的气质通常是一致的，是与生俱来的。没人能否定它对主人个性的表现。它并不代表主人是否有钱有势，但它确实能说明主人不屈不挠的气质。它并非炫耀主人的门第，但它的确也能说明它主人的职业和个性。它向他人展现的，不仅是主人对事业的巨大投入，也是对感情和家庭的投入。当然，这并不说明这种人对情感就会忠贞不渝。它的主人常常是带有情绪去投入感情的，甚至是带着幻想去投入或接受感情的，就像对传说中的经典爱情顶礼膜拜一样。

有这种手的人喜欢典雅的东西，对古典音乐、建筑、绘画充满敬仰之情，这种手是艺术之手。然而，这种人对待自己的工作，热情有余，毅力不足，欠缺非功利性的原始投入感，所以接受不了失败的打击。

二、肥胖之手

人们总是喜欢胖乎乎的东西。它踏实、可爱，给人以信赖感。但是，这种稍减魅力的手，使人在别人面前很少显山露水，甚至多少带有一点自卑的意味。

随着时间的流逝，有这种手的人逐渐显露出稳重及成熟的性格。这种人的嗜好并不多，他们只表现对传统的热爱，听古典音乐，喜欢爵士乐，排斥劲歌热舞，认为它们扰乱了生活和井然有序的内心世界，所以他们有时会拒绝接受流行的东西。

这种人一直认为自己是能成大器的人，心愿较大。在很多的时候，他们又忽视了自己保守的一面。这就注定了他们在面对新事物时缺乏冒险精神。因此，这种人的成就总是不尽如人意。

三、瓷器之手

有着玉器般质地的手，是令人心醉的。当你遇见的是一位美人时，不仅会被她美丽的面容所打动，而且也会被她那双妙不可言的手所折服。崇拜它，感叹世上有如此梦幻般的手。你相信它代表着高贵、华丽和难以企及的梦想。

它的形态无懈可击，有着玉器般完美无缺的质感，所以它无需戴过多华丽的首饰，也可以表现主人的优雅。可当你深入接触她后，会发现她是个颇为挑剔的人，她比较注重自己的形象，对自己的动作有一套完整的程序。

这样的人所拥有的衣物和首饰精而不多，对搭配有着与生俱来的直觉，甚至连最不起眼的小饰品也不肯轻易放过。在选择朋友方面，这种人也像挑选首饰或衣服一样颇为挑剔，从不乱选朋友，因此除非你也具备同样的兴趣和气质，否则你是不会成为她考虑之列的。

这种人，显然不会随便追求人或接受追求。只有彼此无论在外貌或内涵上都能够接受时，才会考虑相互间的感情。

这双手也像它的主人一样挑剔，不轻易干它不想干的活。因为它太富丽堂皇、太高贵，容不得脏乱的活去玷污它。这也就意味它的主人无论在精神还是物质上并不丰盈，当然也不太空虚。她自有她的生活空间。

它的确是双高雅之手，即使随着时光的流逝，它也会像用旧的瓷器一样，渗透出淳厚的味道。接触它和它的主人的确不是件容易的事。

四、强盗之手

看见这个题目,请不要大吃一惊,并不是说有这种手的人都会做强盗。这种类型的手瘦削而细长,好动而灵活,充满攻击性。这就预示它的主人阴险、狡诈,不肯露出他的本来面目。

他们在装扮自己的行为过程中,有一整套经验。他们不想让人看穿自己的本质。把自己装扮起来,使自己看起来具有某种气质或形象,从而掩饰一些本人认为不够理想或见不得光的某些特性。

由于手指瘦削,而又不能像面部一样去改变,所以他们就用一些装饰物来修饰自己的指形。显然,长有瘦削手型的人,给人的印象是贫穷、潦倒或并不富有。这样的人为了装扮自己的指形,就选择昂贵的首饰,诸如名牌手表,大钻戒和笨重的手镯等,从而显示自己的富有。

一个人是否拥有了财富就得用昂贵的饰物来炫耀呢?这是见仁见智的事,不过有一点是可以肯定的,就是他们想通过佩戴饰物来掩饰自己单薄的形象,而让别人觉得他们有财富和地位,从而赢得别人的尊重和特殊的待遇。

不过,从他们把金钱赋予如此重要的功能上来看,这种人大多属于势利眼,喜欢揣测别人的心思,投机钻营,经常受到上级的赏识而不断得到提升。

由于对金钱有着本能的欲望,他们也经常揣度别人的财富,也就有着"笑贫不笑娼"的心理。也许他们并不吝啬,但帮助过别人后,会大肆宣扬。当你碰见这双瘦弱细长的手时,你恐怕并不愿和它的主人打交道吧。它机警、灵敏,像它的主人一样见风使舵。如果不得不和这双手的主人来往,你一定要仔细留心。

十指葱葱有密语

有句话说"捏着一把汗",意思是即便你脸上还能强作镇定,但紧张的心情还是会从手中显现出来。这句来自生活实践的话语，也正说明了"手的表情"比"脸的表情"往往来得真实。

手的表情是如此丰富，单是说五个手指，就有无限寓意。

一、拇指

在罗马时代，人们常用拇指朝上竖起或向下分别决定角斗士的生或死。千百年来，拇指一直被当成权威和力量的象征。在手相术中，拇指也代表着坚强的性格和以自我为中心。对拇指的身体语言也是这样，拇指被用来显示控制权、优越感，甚至"侵略性"。

拇指常常从人们的口袋里露出来，有时从背后的口袋里神秘地露出来，他们原本是想掩饰自己的霸道态度。有些霸道的或者"侵略性"的女性也采用这个姿势。女权运动使她们能够采取男性的多种姿势。除此以外，采取拇指姿势的人还往往踮着脚，以便使他们显得更加高大一些。

有一个常用的拇指姿势是双臂交叉、拇指向上。这具有双重信号：消极态度的信号（双臂交叉）和优越感的信号（拇指露出）。采用这种双重姿势的人通常用突出拇指的姿势，并且踮着脚。虽然对方采取了防御性的姿态来面对你，但其内心的优越感却依然强烈地表达出来。

当拇指被用来指向他人的时候，它也可能是嘲笑或者不尊敬他人的信号。例如，丈夫靠在朋友的身上，用攥着拳头的拇指指着妻子说："你可知道，女人都是一丘之貉。"在这种情况下，摇动的拇指是被用来挖苦这个不幸的女人的。因此，对大多数女人来说，用拇指指着她们，是最令她们恼火的，尤其是当男人如此做时，她们就更为气愤。女人中间较少使用摇动拇指的姿势。不过，她们有时也用这个姿势指着她们的丈夫或者她们不喜欢的人。

两个男人之间成功的、强有力的握手，保证了充分的接触，没有一个手会有后退的表现。如果说一方的拇指——主宰手指，在施加压力的话，另一方也不甘示弱。

二、食指

食指是无所不知的,其显著的特点是敏感性。如果要触摸什么东西,我们总是使用食指。拇指和食指用来测定物体的结构。感觉灵敏的食指为我们提供精密的信息。

谈话时经常使用食指的人,给人的印象总是在训人。举起食指,并且把手心对着说话人,显然是打断别人的话:"等等,我有个想法!"但还不显得那么突兀。

如果把手转成直角,那么食指的这个手势就变成了一种威胁信号,因为它可以进行劈、刺、钻等动作。如果食指自上而下,朝一个点刺去,那么这种气势就达到了淋漓尽致的程度。为了缓和一下气氛,常常可以使用替代物:不是用食指,而是把铅笔作为手的延长器官,敲击要害部位。

三、中指

中指体现自我。哪个人不认为自己是世界的中心?没有人敢往这方面去想,但在私底下,每个人都是不由自主地这么想。

我们中大多数人都是无意识地使用中指发出信号。在谈话时触摸、抚弄或者按摩自己中指的人,有一种自我表现的欲望,希冀求得别人的赞赏。

四、无名指(也称戒指指)

无名指表示情感。它跟自我表现的中指协同动作,也能单独表现出优雅、柔情脉脉的气质。在谈话时触摸、抚弄无名指,表现了动作发出者对温情的需求。他们期待别人情感上的关怀,而不是理智上的解释。

五、小指

小指是社交性手指。它的作为不大,但是无所不在。把杯子送到嘴边时翘起小指,这个动作看上去有点可笑、矫揉造作。但这原本是为使动作美观的动作。这个动作是宫廷时代流传下来的,其背后隐藏着一个要求:"别忘了,我还在这里呢!"抚弄小指的人是想把别人的注意力吸引过来。

指尖上的舞蹈

若手指交叉，则说明什么呢？把两手的手指交叉，是感到自己的情感和理智处于平衡状态，是一种自我封闭的状态。当然，任何压力都会阻碍这些人敞开心扉。

如果谈话时，对方两只手的食指跟伸出的拇指交叠，这表示什么呢？有人把这个称之为"双枪"。两个自以为是的食指跟显示双重优越性的拇指交叠，表明箭在弦。持这种姿势听别人说话的人，往往会把指尖顶着自己的嘴，好像在等待别人的评语中出现漏洞。

如果你看透了这个把戏，就可以在你认为有利的时机，把你的弱点暴露出来；如果你知道该如何回击谈话对手的枪弹，那你就能够占得先机。

一、十指交叉

在人们面带微笑和愉快的谈话时，常常无意识地将十指交叉。常见的姿势是交叉着十指举在面前，面带微笑地看着对方。也有的交叉着十指平放在桌面上，这种动作，常见于发言人。出现这个动作时，表明发言正处于心平气和、娓娓叙谈的时候，乍一看，似乎上面这几种表情都是自信的表现，但事实并非如此。

一般来说，作出十指交叉手势时，手位置的高低似乎与消极情绪的强弱有关。有的将十指交叉放在膝上，也有的站立时将十指交叉放在腹前。按交往的经验而言，高位十指交叉比中位十指交叉更显得高深莫测。正像所有表示消极情绪的姿势一样，要想让使用这个姿势的人打开紧紧交叉的十指，需要某种努力来完成。否则，对方的不安和消极是无法改变的。

当我们演讲或是日常生活中与人交谈时，如果遇到情绪消极的情况，作出十指交叉的手势，可以在心理上起到自我保护的作用。从而使谈话更少受到消极情绪的负面影响。

二、数拨手指

一般情况下,数拨手指是在说明某些数字和条件时,需要特殊强调增加其说服力和清晰度时采取的一种手势。

在日常生活中,某位领导布置工作,涉及一些数字和条款时,为了让听者听得更加清晰,也常数拨手指。我们在汇报工作时,也常数拨着手指。这样,就显得更有条理一些,消除笼统和混乱之感,从而也能使自己强大的语言能力更鲜明起来。

三、双手叉腰

孩子与父母争吵、运动员面对自己的项目、拳击手在更衣室等待开战的锣声、两个吵红了眼的冤家……在上述情形中,经常看到的姿势是双手叉在腰间,这是一种表示抗议、进攻的常见举动。有些观察家把这种举动称之为"一切就绪",但"挑战"才是最基本的实际含义。

这种姿势还被认为是成功者所独有的站势,它可使人联想到那些雄心勃勃、不达目的誓不罢休的人。这些人在向自己的奋斗目标进发时,都爱采用这种姿势,它含有挑战、奋勇向前的意思。男士们也常常在女士面前使用这种姿势,来表现男性的好战,以及男子汉的高大形象,但女人们如果用这一姿势,给人的感觉则是不温柔,有母夜叉、河东吼狮之嫌。

有趣的是,人们发现鸟类在战斗或求偶时,总爱抖擞精神,蓬松羽毛,这样它们就可以显得体格硬朗。而人类把手叉在腰间,也是因为同样的原因,为了使自己显得更高大和威武些。男人对男人这样做是为了用身体向对方挑战,警告对方不要侵犯他。

在适合这种说话姿态的特殊环境中,可使说话人收到最佳的说话效果。

四、指尖相互敲击

如果在谈话时,有人将双手合十,指尖相互敲击,这说明什么?

这说明,指尖在寻找自己的期望跟对方建议的切合点。在这种情况下,绝不能重复提出建议，而是应该自问，我的建议跟对方的期望值的差距在哪里？提出新的方案也许是一个解决方法。

手语的意义和作用是极为特殊的，很多人都知道"眼睛是心灵的窗户"的说法，却很少有人知晓"手是心灵之窗指向"这句话。事实上，人的双手与大脑间的神经关联远多于人体其他部位。因此，手能够更好更准确地表达内心思想和情感，比如在激励团队或与他人交流时，加入手势强化表达就是最直接和最强有力的。

表露自信心的手势

在通常情况下，一个女人常见的寻求信心的姿态是：把手缓慢而优雅地搁到颈部上。倘若她戴上了项链，这个手势好像只是要确定一下项链是否还在脖子上。如果你问她："你刚刚说的话，确定吗？"她很可能会极力向你保证是的，但也可能变得很有戒心而拒绝回答你。不管她如何反应，都显露了她其实对自己的话并不自信。

另一种常见的"寻求信心"的姿态是紧握自己的手掌。男人、女人都会使用这个姿势，不过女子尤为常见。有这样一个实验，研究者供给每个实验者一杯咖啡，目的就是让他们的手不要空着。人们想看看，到底有多少人会放下咖啡杯来做那个握手掌的动作。结果发现，多数人先是把杯子举到眼前，好像要把那令人难堪的镜头隔开一样，然后就放下杯子，握起自己的手来了。

当然，有很多手势可以传达一个人因焦虑等原因而出现的信心不足。例如，小孩需要恢复信心时就吸吮大拇指；少年人担心考试时就咬指甲；纳税的人最后期限已到时，就会不由自主扯自己的头发。有时候，青年人和成年人还会以咬钢笔或铅笔来取代咬指甲。有些人因找不到笔或者由于不喜欢塑料、金属或是木头的味道，而改成咬纸或衣服了。

有人喜欢把两手指尖合起来，形成一种"教堂尖塔"的手势。这是一种有信心的动作，但有时也表现出一种装模作样、自大或骄傲的心态。尖塔姿势有公开的与隐蔽的两种形式。妇女的尖塔动作是隐蔽类型的典型。她们在坐着时把手搁在膝上，在站着时把合着的手轻放在及腰的位置。职员、律师、政府公务员等处理行政业务的人，也往往喜欢摆出尖塔的姿势。

专家研究发现，自信程度越高的人，尖塔姿势的位置也越高。有时甚至齐眉，这样一来就像从手缝中看人。这是上司对待下属的一种十分普遍的姿势。

令人奇怪的是，我们可以看见一些谈判代表，在处于劣势时会不自觉地作出这种姿势。而对方的反应几乎毫无例外地相同，他们认为摆出尖塔姿势的人深藏不露，知道的要比所说得多，因此会立即转变话题。玩扑克时，如果有人作出尖塔的手势，那么除非阁下有一手好牌，否则就别再玩下去了。当然你必须肯定对方并不是故意用这种动作来欺骗你。

巧搓手说巧语

搓手这种肢体语言常表达一种美好的期望。

一、搓手掌

掷骰子的人用手掌搓骰子，表示期望成为赢家。主持仪式的人搓手掌，并对听众说："我们早就期待着下一个发言人。"兴高采烈的推销员跑进销售经理的办公室，搓着手掌说："老板，我们得到了一笔很大的订单！"在西方，服务员在就餐结束时走到你的桌子旁，搓着手问道："先生，还需要点什么？"他则是用肢体语言告诉你：他期待着小费。

当一个人急速地搓动手掌时，他用这个动作告诉对方，他将得到他所期待的结果。例如，假定你打算购买一栋房子，去找房地产经纪人。经纪人向你介绍了很多但你并不满意之后，急速地搓着手掌说，"我恰好有一处房产符合你的条件。"经纪人的意思是，他希望这个房子符合你的要求。但是，如果他慢慢地搓着手，对你说，他有一处理想的房产，你会有怎样的想法呢？你会认为，他狡猾可疑，结果可能对他有利，而不是对你有利。于是，推销人员被教导说，如果向可能的买主描述产品或服务，一定要使用急速地搓手掌姿势，以免顾客产生怀疑。当顾客搓着手掌，对推销员说："让我看看你们能够提供些什么！"这意味着，顾客购买的可能性较大。

有一个没有心理变化的特殊情况是：在寒冷的冬季，有一个人站在公共汽车站，他急速地搓着手掌，那是因为他的寒冷。

二、搓拇指和手指

搓拇指和指尖或者搓拇指和食指，这个动作通常是用来表示希望得到金钱。推销员常常搓着指尖和拇指，对顾客说："我可以给你打六折。"有人会搓着拇指和食指对他的朋友说："借给我十块钱吧。"业务人员同客户打交道时，显然应当避免这样的手势。

三、双手攥在一起

乍看起来，双手攥在一起这个姿势似乎是表示充满信心的，因为人们采取这个姿势时，往往是满面笑容，心情愉快的。然而，当一个推销员描述他是怎样失去一笔生意的时，他谈着谈着，双手不仅攥在一起，而且手指开始变白，仿佛被焊接在一起时，这个姿势实际上显示了一种失望或敌对的态度。

谈判专家尼伦伯格和卡列罗对攥手姿势进行研究后，得出这样的结论：这是一种失望的姿势，反映此人克制着一种消极的态度。这个手势主要有三种：在自己的面前攥手；把攥起的手放在桌子上；如果是坐着，把手放在膝盖上，如果是站着，双手在小腹前握紧。

手举起的高度和此人心情不好的程度似乎也有一定的关系。这就是说，手举到最高的人难以对付；而手举到不太高的人则比较好应付。像所有的负面姿势一样，必须设法使此人的手指松开，露出手掌。否则，敌对态度将始终保持下去。

手掌的语言

在人类的历史上，张开的手掌从来都是同真实、诚实、忠诚和顺从联系在一起的。许多宣誓的场合都是：宣誓人把手掌放在心口上，在欧美一些国家的法庭上，证人常常左手拿着《圣经》，右手掌举起来，面向法官。

一、双手平摊

双手摊平，表示坦诚、真实，同时也能鼓励对方坦诚相待。

当人们开始说心里话或说实话时，总是把手掌张开显示给对方。像大多数肢体语言一样，这一举止有时是无意识的，有时是有意识的，它都使人感到或预感到对方将要讲真话。相反，小孩在撒谎或隐瞒真相时总是将其手掌藏在背后，当夜晚与朋友玩耍到凌晨方归的丈夫不愿对妻子说出他的去处时，常常将手插在衣兜里或两臂相抱将手掌藏起来，而妻子则可以从丈夫隐藏的手掌上感觉到另有隐情。

由此可见，与他人交谈时你不时伸出双手摊开，能够使你显得诚实可靠。有趣的是，大多数人发现摊开手掌时不仅不容易说谎，而且还有助于制止对方说谎，有鼓励对方坦诚相待的作用。

西方有位心理学家断言：判断一个人是否坦率与真诚，最有效、最直观的方法就是观察其手掌姿势是否双手摊开。当人们愿意表示完全坦率或真诚时，就向人们摊开双手，说："没有什么值得隐瞒的，让我坦白地告诉你吧。"

经理们常常告诉推销人员,当顾客解释他为什么不买这个产品时,要看看他的手掌,因为只有张开手掌时,他才会讲出真实的理由。

二、手掌攥拳,伸出一个手指

伸出的手指就好像一个命令,迫使听话的人屈从于他。这样的姿势,最令人恼火。如果你习惯这样做,最好练习一下手掌向上和手掌向下的姿势。这样会造成一种比较缓和的气氛,使别人产生较好的印象。

三、手势下劈

手势下劈,给人一种泰山压顶、不容置疑之势,使用这种手势的人,一般都高高在上,高傲自负,喜欢以自我为中心。他的观点不容许他人轻易反驳。伴随着这个动作的意思是"就这么办"、"这事情就这样决定了"、"不行,我不同意",等等。

在日常生活中,我们也常遇到一些领导,在讲话时为了强调自己的观点,把手势往下劈。每当这个时候,听者最好不要轻易提出相悖的观点,对方一般不会轻易采纳的。平常与同事或朋友三五成群地争论问题,有人为了证明自己的观点而否定别人的观点,也常用这种手势否定别人的观点,打断别人的话。识别这种手势语言,有助于我们为人处世时采取适当的姿态。

四、手势上扬

手势上扬,代表着赞同、满意或鼓舞、号召的意思,有时候也用以打招呼。例如,朋友见面,远远地扬起手:"Hi!""Hello"。

演讲或说话时手势上扬,最能体现个人风格,表明演讲者或说话者是个性格开朗、豪放、不拘于形式的人。

手势上扬,是一种幅度比较大的手势动作,容易使人产生比较鲜明的视觉形象,引起人们对于形式美的富于社会内容的主观感受。有人这样描绘法国前总统戴高乐:当他进行公开演讲时,他的习惯动作是两臂向上。其目的只是为了强调他的讲话。有时他举着双手,挺挺的上身从桌上伸出俯向听众,好像要把演说者的坚定信念注入听众的心坎上。

总之,手势上扬,是一种能显示出个人特点、很受人欢迎的手势,可以塑造出一种豪放、大度、有号召力的语言能力。

五、攥紧拳头

一般情况下,在庄重、严肃的场合宣誓时,必须要右手握拳,并举至右侧齐眉高度。有的人在演讲或说话时,捏紧拳头,则是向听众表示:"我是有力量的!"但如果是在有矛盾的人面前攥紧拳头,则表示:"我不会怕你,要不要尝尝我拳头的滋味?"显示的是一种果断、坚决、自信和力量。平时我们见人讲话时攥紧拳头,证明这个人很自信,很有感召力。

握手的玄机

握手,虽然只是简单的一握,但这其中却也有很大的学问。有专家研究表明,握手可以反映出一个人的很多信息。通过握手的方式也可以观察出一个人的性格特征。

一、控制性和屈从性的握手

手掌向上和手掌向下这两种姿势在握手中的含义是大有不同的。

假定你第一次见到某人,你们习惯性地彼此握手。这种握手表达了三种基本态度:控制性的握手:"这个人企图控制我,我最好小心点。"屈从性的握手:"我能够控制此人,他必须听我的话。"平等的握手:"我喜欢这个人。我们会很好地相处。"

这些态度是下意识地表现出来的。通过练习和有意识的应用,下面这些握手的方法在跟别人见面时会产生直接的效应。本节介绍控制性握手的方法。

控制性用翻转手来表达，在握手时手掌向下。你的手掌不一定直接面向地面，但要向下握对方的手掌。

狗是通过把喉咙暴露给对方的办法，表示顺从。人则是用手掌向上的姿势，表示顺从。当你想要告诉对方：你把控制权让给他，或者使他感到他在控制局面时将手掌向上与对方握手，这个办法特别有效。

不过，虽然手掌向上的握手方法表示顺从，然而也可以变通。例如，手部患关节炎的人由于他的身体条件所限，不得不给你一个软弱无力的握手，这很容易使他的手掌呈顺从姿势。从事外科医生、画家和音乐家等职业的人由于他们的工作依靠手，为了保护手，在握手时也是软弱无力的。握手的姿势会给你提供一些线索，使你对握手的人作出一些估计：顺从的人使用顺从的姿势，霸道的人使用比较咄咄逼人的姿势。

当两个霸道的人握手时，他们会展开一场象征性的"争夺战"，因为他们都试图迫使对方的手掌采取顺从的姿势。结果就形成老虎钳似的握手，两人的手掌都呈垂直姿势。当做爸爸的教给孩子如何"像男子汉一样握手"时，就出现这种老虎钳似的垂直握手。

当对方给你一个控制性的握手时，不仅很难迫使对方的手掌变成顺从式的姿势，而且你越这样做，控制性变得越明显。这里有一个简单的办法，可能解除对方的"武装"。那就是对他进行威胁，进入他的"亲密地盘"。为了完善这种"解除武装"的办法，当你要握手时，左脚向前迈出一步，从他的左前方进入他的"个人地盘"。现在，你把左腿拉向右腿，完成迂回动作，然后握对方的手。这个办法使你可以把握手的姿势拉直或者迫使对方的手呈现顺从的姿势。它还可以使你通过进入对方"个人地盘"的办法而掌握控制权。

还有个问题是：谁先伸出手？

普遍接受的习惯是，第一次见到一个人时，总要握手。然而，在某些情况下，你首先伸出手去，可能是不明智的行为。鉴于握手是一种欢迎的表示，那么，在你握手之前，你首先要问几个问题：我受欢迎吗？此人会喜欢见我吗？推销员会被告知，如果他们主动地去跟没有准备的顾客握手，也许会产生不好的效果，因为买主可能不欢迎他们，握手变成他们不愿意干的事情。其次，有些人手部患有关节炎，或者他们是靠手工作的，如果被迫握手，他们可能采取防御的姿态。推销员被告知，在这种情况下，最好等对方主动伸出手来，再去迎合；如果对方没有这个表示，那就点头致意。

二、握手时左手的表现

约定俗成的握手是由右手进行的。当右手跟对方的手相握着的时候，闲着的左手如何作为？这也是研究者所关注的。

双手握手的意图是向对方表示诚恳、信任和深沉的感情。两个重要的因素应当予以注意。第一，左手被用来传达额外的感情，左手摸着对方的右臂以上的部位。例如，抓肘握手所传达的感情比抓腕握手要多，抓肩握手所传达的感情比抓上臂握手要多。第二，此人左手的动作意味着侵入对方的"亲密地盘"。一般来说，抓腕和抓肘的动作只有在好朋友或亲戚之间才能被接受。抓肩和抓上臂的动作侵入对方的"亲密地盘"，可能涉及身体的实际接触。只有在握手的时候感情非常冲动的情况下才能如此做。除非双方都表达了额外的感情，否则，如果此人没有充足的理由用双手握手的话，对方会怀疑他的意图。我们常常看到，政府官员和推销员用双手握手来欢迎他们的选民或新的顾客，他们没有认识到：这样做的效果可能适得其反，使得对方敬而远之。

三、握手的风格和方式

握手时的力量很大，甚至让对方有疼痛的感觉，这种人多是逞强而又自负的。但这种握手的方式在一定程度上又说明了握手者的内心比较真诚和动情。同时，他们的性格也是坦率而又坚强的。握手时显得不甚积极主动，手臂呈弯曲状态，并往自身贴近，这种人多是小心谨慎，封闭保守的。

握手时只是轻轻的一接触，握得不紧也没有力量，这种人多属于内向型人，他们时常悲观，情绪低落。

握手时显得迟疑，多是在对方伸出手以后，自己犹豫一会儿，才慢慢地把手伸过去。排除掉一些特殊的情况以外，在握手时有这种表现的人，性格多内向，且缺少判断力，不够果断。

不把握手当成表示友好的一种方式，而把它看成是例行的公事，这表明此种人做事草率，缺乏足够的诚意，并不值得深交。

一个人握着另外一个人的手，握了很长的时间还没有收回，这是一种测验支配力的方法。如果其中一个人先把手抽出、收回，说明他没有另外一个人有耐力。相反，另外一个人若先抽出、收回手，则说明他的耐心不够。总之，谁能坚持到最后，谁胜算的把握就大一些。

虽然在与人接触时，把对方的手握得很紧，但只握一下就马上拿开了。这样的人在与人交往中多能够很好地处理各种关系，与每个人都好像很友善，可以做到游刃有余。但这可能只是一种外表的假象，其实在内心里他们是非常多疑的，他们不会轻易地相信任何一个人，即使别人是非常真诚和友好的，他们也会加倍地提防、小心。

在握手时，非常紧张，掌心有些潮湿的人，在外表上，他们的表现冷淡、漠然，非常平静，一副泰然自若的样子，但是他们的内心却是非常的不平静。只是他们懂得用各种方法，比如说语言、姿势等来掩饰自己内心的不安，避免暴露一些缺点和弱点。他们看起来是一副非常坚强的样子，所以在他人眼里，他们就是一个强人。在比较危难的时候，人们可能会把他们当成是一个救星，但实际上，他们也非常慌乱，甚至比他人还要紧张。

握手时显得没有一点力气，好像只是为了应付一件不得不做的事情，而被迫去做的。他们在大多数时候并不是十分坚强，甚至是很软弱的。他们做事缺乏果断、利落的干劲和魄力，显得犹豫不决。他们希望自己能够引起他人的注意，可实际上，别人往往在很短的时间内就会将他们忘记。

把别人的手推回去的人，他们大多都有较强的自我防御心理。他们常常缺少安全感，所以时刻都在做着准备，在别人还没有出击但有这方面倾向之前，自己先给予有力的回击，占据主动。他们不会轻易地让谁真正地了解自己，如果是这样，他们的不安全感更加强烈。他们之所以这样，在很大程度上是由于自卑心理在作怪。他们不会去接近别人，也不会允许别人轻易接近自己。

像虎头钳一样紧握着对方手的人，在绝大多数时候都显得冷淡、漠然，有时甚至是残酷。他们希望自己能够征服别人、领导别人，但他们会巧妙地隐藏自己的这种想法，例如，运用一些策略和技巧，在自然而然中达到自己的目的。

用双手和别人握手的人，大多是相当热情的，有时甚至热情过了火，让人觉得无法接受。他们大多不习惯受到某种约束和限制，而喜欢自由自在，按照自己的意愿生活。他们有反传统的叛逆性格，不太注重礼仪、社交等各方面的规矩。他们在很多时候是不太拘于小节的，只要能说得过去就可以了。

另外，专家们通过研究认为，从人们握手的细节中，可以看出一个人的性格与心理。

与人握手时，把手摊得开开的人，为人直爽，想到哪里就做到哪里，精力旺盛，胸襟豁达，不拘小节，不怕失败，跌倒了很快就能爬起来。

握手时五指并拢的人，做事一丝不苟、注重礼节、凡事循规蹈矩，但往往因谨慎过度而耽误大事；交友方面亦如是，由于不肯推心置腹地与他人交往，往往交不到知心朋友。

握手时五指微张的人，个性诚实稳重，有强烈的责任感。但是也有胆小、跟不上时代脚步的缺点。

握手时四指并拢，大拇指单独张开的人，多属出色的社交能手，他们往往机智敏捷，能够把握良机，而且善于理财。

握手时食指和其他手指间留有空隙，其余手指并拢的人，自尊心强，喜欢强调自己的主张，讨厌受到他人的批评，在群体中往往居于领导地位。

握手时中指与无名指之间留有空隙的人，做任何事情都会保持愉快的心情，遇到困难也都能设法克服。

握手时无名指与小指之间留有空隙的人，表示此人不喜欢受他人束缚，有独立自主的意识，做任何事情都会未雨绸缪。

握手时手指稍微向内缩的人，善于理财，属于吝啬型的人。

握手时五根手指全部往内弯成弓状的人，感受性很强，学习力亦佳，而且点子很多。

握手时手指全部伸直的人，容易感情用事，且具有丰富的情感，做事有始有终，绝不会虎头蛇尾、半途而废。

第7章
心随腿动,双腿出卖你的内心动向

腿处于身体的下部,也称为下肢。因为它处于人体下半部,所以人们投射的视线是有限的,这就大大限制了观察并理解它的行为,但它占了身体近一半的面积,所以它的存在又是无可替代的。

足部是指膝盖以下的部位,包括"胫"与"足"。足部虽处于身体的最下端,但是在人们的日常生活中,无论是坐着还是站着,足部都是容易被观察到的,所以足部动作所传达的信息也容易被观察者看到。身体语言学家认为足部动作可以表达一个人的欲求、个性和人际关系。

第7章 心随腿动，双腿出卖你的内心动向

双足的丰富信息

鞋尖的指向常常可表现人际关系的亲密程度。譬如说，有A、B两人站着谈话，他们的鞋尖相对，距离不远，而且基本上在一条直线上，我们就可以从两人脚尖的指向判断出两人关系的亲密程度。如果两人的鞋尖构成一个封闭的共有势力范围，不容他人介入，你最好不要走过去打扰他们两人的谈话。如果A、B两人鞋尖的位置呈直角或60度左右的角度，那么这两人的关系不会是很深厚的，因为从A的位置只能看到B的侧脸。

人在预感到要遭遇他人侵犯或有他人要进入自己的势力圈时，如果对此要表示拒绝或不耐烦时，往往用足尖拍打地板的动作来预告自己的心情或意向。向这样的人询问或谈问题往往会得到不愉快的结果。

男性足踝交叉的坐姿，往往表示在心理上压制自己的表面情绪，如对某人某事采取保留态度，表示警惕、防范，或表示尽量压制自己的紧张或恐惧。从事公共关系工作的人总是要设法使对方放弃使用这种姿势，以造成开放而亲近的气氛。

无论男女，摇晃架在另一条腿上的足部是心情轻松的表示。如果进一步用脚尖挑着拖鞋或鞋跟摇晃，这就有了较强的放纵的含义，如挑逗、诱惑等。

足部的附属物——鞋，起着延伸足部语言的作用。足部的鞋默默地表现着一个人的个性、性格与人际关系。鞋底的磨损程度与一个人的性格有关。性格外向、生活态度积极的人，其鞋尖外侧较易磨损。反之，鞋尖内侧磨损较多者，属内向性格。两侧都有磨损者，属温和型或平衡型。

脚尖朝里，有刹车作用。谁要是走路呈内"八"字形，上身就可能完全是打开的，但是在迈出了第一步以后，他就把自己封闭起来了。我们看到的是一个犹豫不决的人，他处于意愿和前进的冲突之间。如果这个人的胸脯也是缩进的，那么就可以断定，这是一个内向的、拘谨的或者是自暴自弃的人，因为他眼下还缺乏向前迈进的意志。

观步态可识人

显然，脚的动作比起手的动作要少得多，也单纯得多。当一个人因感情激动出现身体反应时，脚的摇摆是比较少的，多半表现为脚掌发出的声音和抖动的动作，或者还可以发出某些节奏。

对于架起双脚的动作，也能代表人际关系的某些特征。比如你是一个推销员，在星期天拜访某个家庭时，对于这个家庭中夫妇双脚交叉的动作要特别注意，因为人们常常会做些双脚交叉的姿势。如果夫妻间的某方先行架起自己的脚，即可表示对方在家庭中所占地位的较高。如果你发现妻子的脚先行表现出双脚交叉动作，你就会知道这个家是女人做主，那么你就要把目标放在妻子的身上，进行各种献殷勤的游说活动，你成功的机会会大大提高。

相反，假如丈夫先表现出双脚交叉的动作，说明这是个以丈夫为主导的家庭，如果你去游说对方的妻子，那么，你的成功率将缩小到最低的程度，因为你忽视了这个家庭的真正权威。

此外，还可以从双脚交叉的姿态，看出当事人的性格特征，比如，有些人大大方方地把双脚一跷，那么表示他是个自信心极强的人，对任何事情都充满自信。而如果发现他是用一只脚很简单地架在另一只脚的边缘上面，这就可以表明对方自信心不足，甚至时刻怀有不安的感觉。

踱方步者的性格为人

这是种四平八稳的人,喜欢保持冷静。认为面对任何困难事情时,最重要的是保持清醒的头脑,不希望被任何带有感情色彩的东西左右了自己的判断力和分析力。

这种人在别人面前,常以有理性和自控能力而受到别人的尊重。他对此欣然接受,但不露声色,是一个部门中的稳健派。他平时做事非常小心,言谈举止都尽量保持温文尔雅,绝对不想让别人觉得他粗俗不堪。

但他有时也觉得累,为了保持自己的尊严,他很难在人前笑口常开。绝不流露感情,哪怕是一点点,他也绝不允许。这是他的准则。

他对自己的身体形态进行严格控制,虽然别人敬畏他,可他在一人独处时却感到压抑。因为这种人涉世极深,对人情世故有深刻的了解。

在和别人交际方面,这种人表现的与他本人一样四平八稳,始终坚持点到为止,避免自己陷入太深的境地,不能自拔。即使事件引起强烈震动,也不会使他的情绪受到影响,像一个冷血动物。所以他从未露出热情奔放的一面。

这种人最相信的一句真理是:君子之交淡如水。别人很难察觉到他在情感世界生活得如此之苦,他的家庭也仅仅是他稳重面孔的一个装饰。但他还是对自己的事业乐此不疲。他的唯一快乐,就是沉浸在事业的成功中。

罗圈腿式者的性格为人

这种内八字式走路的人,显得滑稽可笑,永远是副憨实厚道的样子。但这种人在厚道的外表下,内心并不沉静。这种人只留意生活中的细节,事事喜欢按部就班地进行,如果有突发事件发生就会大乱阵脚,显得手脚无措。

显然，这种人会为自己感到难过。但他们确实不能看清自己，不能明白其实他们最需要增强内在的力量。

他们的形象注定了他们不会标新立异，而情愿跟着潮流走。当别人把一定的权力交给他，而使他们成为众人注目的焦点时，他们就会感到浑身不自在而烦躁不堪。

因为他们只追求平淡的生活。

在财富方面，他们并不是个金钱至上的人，但在用钱方面，他们却相当慎重，购买任何东西之前，都要反复思考一番，或许有人会认为他们是吝啬鬼，但他们依然我行我素，不会因为别人评论而改变自己的一贯作风。

当他们知道自己是属于这种人时，他们可能对自己的性格已感到绝望透顶。所以，这时他们需要安慰。

没有哪种人的个性是完美的。我们应该清楚地认识这点。

显然这种人的憨厚形象就决定了他们是一个能照顾别人的好人。他们会在别人遇到困境时，拿出自己珍藏很久的东西与别人共享。

与他们打交道的人都会觉得他们是个容易相处的人。因为他们在别人眼里并不是斤斤计较的人。

大踏步式者的性格为人

经常采用这种方式行走的人，很显然是情绪急躁的人。

这种人为人豪爽，无拘无束，处理事务极富弹性。

此类人在做事时，往往起领头羊的作用，能想到什么就马上去干。你是不是很想成为这样的人？

因为豁达而不拘小节，人们一般都不讨厌这种人，干事利索，说干就干，这种大将风度也让人钦佩。

这种人肯定会为自己拥有这样的个性而骄傲，他们所赢得的尊重是来自与生俱来的性格，所以他们从不模仿别人，在不违背大原则的情况下，他们相当能自由发挥。

人们都欣赏他们的办事能力，而且一般都愿意和这种人共事，这也是对他能力的肯定。而且多半认为他们是天才。

实际上，别人看不到他们在做任何一件事之前，进行过缜密周到的计划和安排。所以他们总是能出其不意地办好别人认为难办成的事。

总的来说，这种人有健康的体格和良好的心理素质。精力充沛是他们干任何事都采取主动的最大条件之一。

所以，在实际生活中，他们很容易被别人奉为领袖人物，在很多场合，因为有他们的存在，而使得沉闷的局面出现活泼气氛。

同时，他们又容易招致一些人的记恨，但他们总是能以豁达的态度，使之悄然化解。

由于他们过激的行为和节奏，使他们很看不起那些办事拖拉的人。他们经常以说教者的面孔指责那些人，毫不宽容、缺乏爱心。

这是他们致命的缺点。

这种人希望自己是个不拘小节的人，他们确实能成为这样的人，既有先天的因素，也有后天的培养。他们的个性和气质颇佳，总是能被委以重任。

碎步式者的性格为人

如果一个男性用这种方式行走，那么就会被认定为带有女性化，这对一个男人来讲是相当糟糕的。

要想观察这种人的隐秘内心是很困难的，他们从不外露、行为乖戾，躲躲藏藏，兔子式的生活。

也就是说，只能从他们细微的外在行为中，了解他们、观察他们。抓住他们的每一个跳跃性行为，才能阐释他们的性格特征。

从这些人走路的姿态上看得出，他们很腼腆，不合群，他们说话的声音并不浑厚，甚至是尖厉。

他们为自己的这些女性特征而感到羞愧，所以他们很难出入社交场合，给人的感觉总是郁郁寡欢。

这种人在生活上相当克制自己，有时带有残酷性；不允许别人走进自己的生活；喜欢整洁，对自己周边的事物会很细心地打理。

他们在衣着方面不偏不倚，从不突出自己的个性。从不试着打入别人的圈子，同时，也不允许别人走进他们的内心世界，除非这个人非常了解自己或有同样的生活习性。

在他们的性格方面，有一个显著的特点：那就是当他们习惯了用某种方式去做一些事情时，即使有干扰也不会轻易改变的。

当他们一旦发觉有人引起自己的反感时，他们会一直讨厌那个人，即使环境如何改变，或者对方如何改变自己的态度，他们都会坚持自己的看法。

在友情上，这种人只有为数不多的朋友，而且都是相识很长一段时间的朋友，因为他们不是那种随便结交朋友的人。

他们对自己所要结交的人会进行仔细观察，他们担心别人不会尊重自己，甚至会在言语上伤害自己，所以他们希望对方和自己有着共同的情趣和嗜好，然后才决定他是否可以成为自己的朋友。

很多不了解他们的人，认为他过于保守、偏激、愤世嫉俗，而且还在一定的程度上孤芳自赏，但他们自己很清楚，其实他们不过想守着一些别人不能理解的原则做一个真实的自我而已。

第8章
随意自然的坐姿,画出复杂的人心地图

纽约一家医学中心的心理卫生专家经测验认为,坐姿能显露一个人的个性。坐时跷起一条腿:相当自信,个性懒散,不容易幻想,任何私人问题或烦恼都不能使之困扰,信心形之于外。坐时双腿并拢,双脚平放地上:坦率、开放而诚实,具有洁癖和守时的习惯,喜欢有规律地生活,按照时间表行事会觉得比较自在。坐时双腿前伸,双脚在踝部叉起:希望成为中心人物,有保守的意志,凡事喜欢求取稳定。

坐姿的八种类型

坐姿有不同的类型,分别有以下八种。

一、自信型

左腿交叠在右腿上,双手交叉放在腿的两侧。这种人有较强的自信心,他们非常坚信自己对某件事情的看法,如果你与他们发生争论,可能他们并没有在意与你争论的观点的内容,虽然坐姿让人看起来觉得很入神。

他们很有天分,总是能想尽一切办法,并尽自己的最大努力去实现自己的理想。虽然也有"胜不骄,败不馁"的品性,但当他们完全沉醉在幸福之中时,也会有些得意忘形。

这种人很有才气,而且协调能力很强,在他们的生活圈子里,他们总是充当着领导的角色,而他们周围的人也都心甘情愿被他领导。

不过这种人有一个不好的习性,喜欢见异思迁,"这山看着那山高"。

二、温顺型

有些人喜欢两腿和两脚跟紧紧地并拢,两手放于两膝盖上,坐得端端正正。

这种人性格内向,为人谦逊,情感世界很封闭,哪怕与自己特别倾慕的爱人在一起,也听不到他们一句"火辣"的语言,更看不到一丝亲热的举动,对于感情奔放的人来说,实在是按捺不住。

这种坐姿的人喜欢替别人着想,他们的很多朋友对此总是感动不已。因此,这种人虽然性格内向,但他们的朋友却不少,因为大家尊重他们的"为人",此所谓"你敬别人一尺,别人敬你一丈"。

在工作上,这种人虽然话语不多,但却踏实认真,他们能够埋头为实现自己的梦想而努力。犹如他们的坐姿一样，他们不会去花天酒地，他们很珍惜自己用辛勤劳动换来的成果，他们坚信的原则是"一分耕耘一分收获"，也因此他们极端厌恶那种只知道夸夸其谈的人。在他们周围，想吃"白食"是不行的。

三、古板型

两腿及两脚跟并拢靠在一起，双手交叉放于大腿两侧。

这种人为人古板，从不愿接受别人的意见，有时候明知你说的是对的，但他们仍然不肯低下自己的脑袋。

他们明显地缺乏耐心，有时候哪怕是只有十分钟的短会，他们也时常显得极度厌烦，甚至反感。

这种人凡事都想做得尽善尽美，干的却又是一些可望而不可即的事情，他们爱夸夸其谈，而缺少求实的精神，所以说，他们总是失败。虽然这种人为人执拗，不过他们大多富于想象。说不定他们只是经常走错门路，如果他们在艺术领域里发挥自己的潜能，或许会做得更好。

他们对于爱情或婚姻也都比较挑剔，你会认为他们是考虑慎重，但事实不然，应该说是他们的性格决定了这一切，他们找"对象"是用自己构想的"模型"如"郑人买履"般寻觅，这肯定是不现实的做法。而一旦谈成恋爱，则大多数都倾向于"速战速决"，因为他们的理念是中国传统型的"早结婚，早生贵子早享福"。

四、羞怯型

两膝盖并在一起，小腿随着脚跟分开成一个"八"字样，两手掌相对，放于两膝盖中间。

这种人特别害羞，多说一两句话就会脸红，他们最害怕的就是让他们出入社交场合。这种人感情非常细腻，但并不温柔，因此这种类型的女性经常让男人觉得莫名其妙。

这种人可以做保守性的代表，他们的观点一般不会有太大的变化，他们对许多问题的看法或许在几十年前比较流行。在工作中他们习惯于用过去成功的经验做依据。这本身并不错，但在资讯时代到来的今天，因循守旧肯定是这个社会的淘汰者。

不过他们对朋友的感情是相当真诚的，每当你有求于他们的时候，只需打个电话就肯定会为你效劳。

他们的爱情观也受着传统思想的束缚，经常被家庭和社会的压力压得喘不过气来，而自己仍要遵循那传统的"东方美德"、"三从四德"等。

五、坚毅型

大腿分开，两脚跟并拢，两手习惯于放在肚脐部位。

这种男人很有男子汉气概，有勇气，也有果断力。他们一旦决定了某件事情，就会立即去付诸行动。在爱情方面，他们一旦对某人产生好感，就会去积极主动地表明自己的意向，不过他们的独占欲望相当强，动不动就会干涉自己恋人的生活，时常遭到自己恋人的讨厌。

他们属于好战型的人，敢于不断追求新生事物，也敢于承担社会责任。这种人当领导的权威来源于他们的气魄，其实很多人并不真心地尊重他们，只是被他们那种无形的力量威慑而已，从另一个角度来说，他们不会成为处理人际关系的"老手"。

如果生活给他们带来什么压力的话，他们一定能够泰然处之，但当他们遇到比较棘手的人际关系问题时，他们多半会束手无策。

六、放荡型

两腿分开距离较宽，两手没有固定搁放处，呈现一种开放的姿势。

这种人喜欢追求新奇，偶尔成为引导都市消费潮流的"先驱"。他们对于普通人做的事不会满足，总是想做一些其他人不能做的事，或许不如说他们喜欢标新立异。

这种人平常总是笑容可掬，最喜欢和人接触，而他们的人缘也确实颇佳，因为他们不在乎别人对他们的批评，这是很难得的。从这方面来说，他们很适合于做一个类似社会活动家的工作。

不过这种人的日常行为举止着实不敢让人恭维，或许很多这种类型的人还没有认识到他们的轻浮给家庭和个人带来的烦恼，这只能说他们还没有到这一天。

七、冷漠型

右腿交叠在左腿上，两小腿靠拢，双手交叉放在腿上。

这种人一看就觉得非常和蔼可亲，似如菩萨，很容易让人接近，但事实却恰好相反，你找他谈话或办事，一副爱理不理的举动让你不由得不反思"我是否看花了眼？"

你没有花眼，你的感觉很正确，他们不仅个性冷漠，而且性格中还有一种"狐狸"作风，对亲人、对朋友，他们总要炫耀他那自以为是的各种心计，以致周围的人不得不把他们想成心理不健全的一类人。

这种人做事，总是三心二意，并且还经常向人宣传他们的"一心二用"理论。自然，他们的习惯更适合于在月球上生活。

八、悠闲型

半躺而坐，双手抱于脑后，一看就是一种怡然自得的样子。

这种人性格随和，与任何人都相处得来，也善于控制自己的情绪，因此能得到大家的信赖。

他们的适应能力很强，对生活也充满朝气，于任何职业好像都能得心应手，加之他们的毅力很强，往往都能达到某种程度的成功。这种人喜欢学习但不是很求甚解，可能他们要求的仅是"学习"而已。

其另一个特点是个性热情，挥金如土。如果让他们去买东西，很多时候他们是凭直觉的喜欢与否。对于钱财他们从来就是看作身外之物，"生不带

第8章 随意自然的坐姿，画出复杂人心的地图

来，死不带去"，以至于他们时常不得不承受因处理钱财的鲁莽和不谨慎带来的苦果，尽管他们挣的钱不少。

他们的爱情生活总的来说是较愉快的，虽然时不时会被点缀上一些小小的烦恼。这种人的雄辩能力也很强，但他们并不是在任何场合都会表演自己，这完全取决于他们当时面对的对象。

观察坐姿的"三要素"

你可以通过对人们不同坐姿的观察，洞悉对方心理。观察人们的坐姿，一般包括距离、方位和姿势这样三个要素。

第一要素：对方选择座位时，对你采取什么样的距离。这个距离的大小，一般可以表示对方进入你领域的程度。倘若在公共汽车上，一个陌生人坐在你旁边，而且已经接触甚至挤碰了你的身体，必然引起你的不快。如果是你的密友或恋人坐在你身边，即使挤靠得很紧，你也绝对不会产生不快的感觉。这说明，允许对方进入自己领域的程度越大，双方之间的关系越亲密。

第二要素：对方坐在什么方位上。倘若对方不是坐在你的对面，而是坐在你的旁边，说明他在心理上有倾向于你的一体感；而坐在你正对面的人，比坐在你旁边的人，更希望你了解他。倘若对方虽然坐在你的旁边，却急着将身体前倾，想看清你的面部表情，无疑对你怀有疑虑或关切之情。

第三要素：对方坐的姿势如何。在沙发里深坐的人，心理上已占据优势，甚至念念不忘居高临下；而在沙发里浅坐的人，则有意表示恭顺，并表示他对你的谈话很感兴趣。在椅子上跷起二郎腿的坐法，倘若是男性，表示他内心怀有不肯认输的反抗意识；倘若是女性，也许是在有意吸引男子的关注。

坐姿能够带出秉性

坐姿是人的一个生活习惯，凡是习惯总能表现出某个人的某些特征。我们来看坐姿是怎样体现一个人的性格的。

一、左腿搭右腿，双手交叉放于大腿两侧

这种人通常有较强的自信心，坚信自己对某件事情的看法。即便与别人存在分歧，也不会轻易受到别人的影响。

他们天资聪颖，工作努力刻苦，总是能尽自己的最大努力去实现理想，遇到困难，想尽一切办法去解决，绝对不轻易向困难低头。虽然有这种"胜不骄、败不馁"的品性，但当他们完全沉醉在成功的幸福之中时，也难免会忘记周围人的感受，甚至有得意忘形之举。

他们协调能力很强，有领导的才能和欲望，他们周围的人也都心甘情愿被他领导。不过这种人性情不专一，比较容易见异思迁，"这山看着那山高"。

二、右腿搭在左腿上，两小腿靠拢，双手交叉放在腿上

这种人给人第一感觉非常和蔼可亲，很容易让人接近，其实不然，在别人找他谈话或办事时，他们总喜欢摆架子，一副爱答不理的神情，甚至会让你觉得很尴尬，以至于你不得不怀疑自己曾经作出的判断。他们没有耐心，做事总是三心二意，也不能全力以赴、脚踏实地去认真完成。

三、两腿及两脚跟并拢靠在一起，双手交叉放于大腿两侧

这种人为人古板，性情自我、固执，不愿轻易接受别人的意见，即便知道别人说的是对的，也固执地坚持自己的观点。

他们都有完美主义倾向，凡事都想做得尽善尽美，因此干的都是一些可望而不可即的事情。他们爱夸夸其谈，而缺乏求实的精神，做事缺乏耐心，哪怕只是短短十分钟的会议，他们也会显得极度厌烦，甚至反感。所以，在现实中，他们经常遭遇失败。

他们对于爱情和婚姻也采取完美主义态度，因此都比较挑剔，为自己辩解是考虑慎重，但事实不然。应该说是他们的性格决定了一切，在他们心中已经有了一个"模型"，如果和这个事先想好的"模型"有半点差距，他们都不会再去争取。

四、两膝盖并在一起，小腿随着脚跟分开成一个"八"字样，两手掌相对，放于两膝盖中间

这种人性情比较内向，容易产生害羞、胆怯、忸怩的心理。如果是女性，表明她们缺乏信心，在公共场合，多说一两句话就会脸红，因此，在社交场合，一般很难见到这种人的身影。他们感情细腻，虽不温柔，但常常会给人一种莫名其妙的感觉。

他们是保守型的代表，对时尚有一种莫名的排斥。在工作中他们习惯于用过去成功的经验作依据，因循守旧，常常有惊惶失措的感觉。不过他们对朋友的感情是相当真诚的，每当别人有求于他们的时候，只需打个电话，他们就肯定会效劳。

五、敞开手脚而坐，两只手没有固定搁放处

这是一种开放式的坐姿。这种人可能具有主管一切的偏好，有指挥者的天分或支配性的性格，也可能是性格外向，不拘小节，甚至是不知天高地厚。

六、踝部交叉而坐

这是一种控制消极思维外流、控制感情、控制紧张情绪和恐惧心理、表示警惕或防范的人体姿势。

在工作上，这种人踏实认真，虽然工作能力欠佳，却也能够埋头为实现自己的梦想而努力。

七、爱侧身坐在椅子上

这种人可能只为了心里感觉舒畅,并不想刻意给他人留下什么好印象。他们往往是感情外露、不拘小节者。

八、身体尽力蜷缩、双手夹在大腿中而坐

这种人往往自卑感较重,谦逊而缺乏自信,大多属服从型性格。

不仅坐姿可以反映出人的性格,就是落座时的动作行为、方式也可以透露一个人当时的心理状态。

一、在他人面前猛然而坐

很多人都以为这是一种随随便便、不拘小节的行为,其实不然,这个举动恰恰反映出此人心神不宁或有不愿告人的心事,因此以这个动作来掩饰自己的心理。

二、坐在椅子上摇摆不定或不断抖动腿部或用脚尖拍打地面

这说明此人内心的焦躁不安,有点不耐烦,或为了摆脱某种紧张感而为之。与你并排而坐的人,如果有意识无意识地挪动身体,说明他想要与你保持一定距离,可又碍于面子不便挪动。

三、舒适地深深坐在椅内

这种坐姿表示他有着心理优势。所谓坐的姿势,是人类活动上的不自然状态,在心理学上常称它为"觉醒水准"的状态,随着紧张的解除,该"觉醒水准"也会因而降低。因此腰部是逐渐向后拉动,变成身体靠在椅背、两脚伸出的姿势。此姿势并非一旦发生何事,立即可以起立的姿势。这是认为跟不必过分紧张之人所采取的姿势。

四、将椅子转过来,跨骑而坐

这种人一般自我意识比较强,总想唯我独尊,称王称霸。或当人们面临语言威胁时,或对他人的讲话感到厌烦时,想压下别人在谈话中的优势而作出的一种防护行为。

第8章 随意自然的坐姿，画出复杂人心的地图

五、喜欢与别人面对面坐
这种人应该比较好相处，因为他们希望自己能被对方所理解。

六、斜躺在椅子上
这说明他们比坐在他们旁边的人更有心理上的优越感，或者处于高于对方的地位。

七、直挺着腰而坐
这是表示对对方的恭顺，也可能表示被对方的言谈所打动，或表示欲向对方表示心理上的优势，这些要视当时情况而定。

八、始终浅坐在椅子上
这是一种处于心理劣势的表现，且欠缺精神上的安定感，也是缺少安全感的表现。因此，对于持这种姿势而坐的客人，如果同他谈论要事，或托办什么事，还为时过早，因为他还没有定下心来。

从坐姿画出人心地图

在日常生活中，对一个人坐的位置进行标记、分析，可以画出一张人心"地形图"来。

一、座位的物理距离
这种距离的大小，可以表示主观上想侵犯对方身体领域的程度，从而能判断出他的一些心理想法，猜测他想干什么。例如，一对以身相许或卿卿我我的情侣，即使在很宽阔的沙发里，他们也会靠近对方的身边坐下，这当然并不是因为没有足够的空间，而是反映了他们如胶似漆的心态。又如在大学的教室里，如果有人想积极参与讨论，这些学生大多数会坐在教室前面的位置上，反之，有些学生不常来上课，占用上课的时间出去打

工，他们一定会坐在教室后方的，对于本科目不感兴趣的人，也会选择坐在后面。

二、座位的方向含义

座位的方向含义有两方面：一是坐在对方的正对面或旁边，二是坐在背向房间的入口与里面的某处位置。坐在正对面和旁边，其表现的心理状态有所不同，面对面坐着有一种距离感。这时，两人之间有一张桌子或什么东西之类的障碍物会感觉比较舒服。而坐在侧旁的时候，就没有如此的限制，大多数人采用亲密的距离并肩而坐，彼此朝着同一个方向，注视相同的对象，在这种情况下，很容易产生某种连带感。而面对面的坐姿，双方都处于可以观察对方的最佳位置上，很容易产生视线冲突，造成对峙或尴尬的状态。

第9章
形态各异的站姿，人之秉性的自然体现

站姿与坐姿一样，是由一个人的修养、教育、性格和人生经历决定的，所以它反映出一个人的性格。

站姿能极大地反映出一个人的性格特点，每个人都有自己习惯的站立姿势，不同的"站姿"可以显示出一个人的性格特征。

第9章 形态各异的站姿，人之秉性的自然体现

站姿显示出性格特征

心理学家经过统计和分析，发现了以下站姿折射人心的规律：

站立时习惯把双手插入裤袋的人城府较深，不轻易向人表露内心的情绪，性格偏保守、内向。这种人凡事步步为营，警觉性极高，不肯轻信别人。

站立时常把双手置于臀部的人自主心强，处事认真而绝不轻率，具有驾驭一切的能力。他们最大的缺点是主观，性格顽固。

站立时喜欢把双手叠放于胸前的人性格坚强，不屈不挠，不轻易向困境和压力低头。但是由于过分重视个人利益，与人交往经常摆出一副自我保护的防范姿态，拒人于千里之外，令人难以接近。

站立时将双手握置于背后的人，其性格特点是奉公守法，尊重权威，极富责任感，不过有时情绪不稳定，往往令人有种莫测高深的感觉，这种人最大的优点是富于耐性，而且能够接受新思想和新观点。

站立时习惯把一只手插入裤袋，另一只手放在身旁的人性格复杂多变，有时会极易与人相处，推心置腹；有时则冷若冰霜，对人处处提防，为自己筑起一道防护网。

站立时两手双握置于胸前的人，其性格表现为成竹在胸，对自己的所作所为充满成就感，虽然不至于睥睨一切，但却踌躇满志，信心十足。

站立时双脚合并，双手垂置身旁的人性格特点诚实可靠，循规蹈矩而且生性坚毅，不会向任何困难屈服低头。

站立时不能静立，不断改变站立姿态的人性格急躁、暴烈，身心经常处于紧张的状态，而且不断改变自己的思想观念。在生活方面喜欢接受新的挑战，是一个典型的行动主义者。

社会型内向站姿

双脚自然站立，左脚在前，左手习惯于放在裤兜里。

这种人的人际关系较为协调，他们从来不给别人出什么难题，为人敦厚笃实。

如果让这种人去与客户建立关系，他们时常是先站在客户的立场替客户着想，帮助他们分析利弊，即使现在的社会到处充斥着商场如战场的不友好而又正常的气氛，这在人情味重的东方国度里，往往也会收到神奇的效果。

这种人平常喜欢安静的环境，找一二个知己叙旧或者摆弄一下棋盘，给人的第一印象总是斯斯文文的，不过一旦他们碰上比较气愤的事，也会暴跳如雷。

对于男女关系的问题他们有一种大彻大悟的体会，"男人不必为女人活着，女人也不必为男人活着"。他们最讨厌把感情建立在金钱上，也最不愿听到别人说他们是为了某种目的而与某人交往。

思考型内向站姿

双脚自然站立，双手插在裤兜里，时不时抽出来又插进去。

这种人比较谨小慎微，凡事喜欢三思而后行。如果让他们做一件事，他们会先列一份计划。在工作中他们最缺乏灵活性，往往生硬地解决问题，事后又常后悔，这不能不说是这种类型人的悲哀。

他们的姿势给人的感觉是他们好像总有很多事情等着他们去做，其实是因为他们经常不知如何是好。这种人的伟大之处是他们把爱情看得异常神圣,从不轻易玷污,以致在西方人眼里,总是觉得不可理喻,或许,这种人只应该出生在东方。他们既不轻易喜欢上一个人,更不会轻易向人表达他们忠贞的爱情。

他们常爱把自己关在一个小屋子里,苦思冥想,构筑自己的希望。抑或正因为如此,他们大都经受不起失败的打击,在逆境中更多的是垂头丧气,所谓:希望越大,失望也越大。

抑郁型站姿

两脚交叉并拢,一手托着下巴,另一只手托着那只手的肘关节。

这种人多数是工作狂,他们对自己的事业非常热爱,工作起来非常专心,废寝忘食的行为对他们来说是家常便饭。

这种人更为明显的特点是他们多愁善感,你从他们丰富的面部表情就可以看出,他们是那么的容易喜怒无常,甚至在他们的言行中也表露无遗。刚才还喜笑颜开,夸夸其谈,突然脸色沉了下来,一句话不说,最多时不时地在你们谈话中苦笑一下,显得很深沉的样子,谁也不知道是什么原因。

他们对这个世界充满爱心,而且极有奉献精神。

这种人很坚强,他们一般不会向人屈服,也不会由于重重地摔了一跤,就不再继续往充满泥泞和荆棘的道路上前进。

服从型站姿

两脚并拢或自然站立,双手背在身后。这种人大多在感情上比较急躁,经常看到他们爱一个人爱得轰轰烈烈，也经常听到他们发誓不嫁（娶）人，如果让他们去经受爱情的长期考验，八九不离十，他们要成为爱情的逃兵。

一般情况下，这种类型的人与别人相处得比较融洽，可能很大的原因是由于他们很少对别人说"不"。人的感情往往受着一种潜意识的支配，都愿意听到别人对自己的赞美，而这种人生来就会这套。

他们在工作中不会有什么开拓和创新，踏实到毫无反对意见的地步。他们不是"拍马屁"的高手，甚至他们不知道该怎样去"拍马屁"，但他们却经常拍到"马屁"，应该说是他们运气很好。

他们的快乐来源于他们对生活的知足，而不愿与人争斗的个性既带给他们愉快，也带给他们烦恼。

攻击型站姿

双手交叉抱于胸前，两脚平行站立。

这种人的叛逆性很强，时常忽视别人的存在，具有强烈的挑战和攻击意识。

我们经常在电影、电视里看到这种姿势，因为他们对对方不屑一顾；我们也经常在周围的人群中看到这种姿势，因为他们正在向对方显示自己不可一世的气魄。这就是这种人的本性，他们很会保护自己，不管遇上何种情况，都喜欢打抱不平，因为他们骨子里流的就是好斗的血。

在工作中，他们不会因传统的束缚而绑住手脚，即使手脚被绑，他们也会用牙齿咬断这根绳索，如果嘴也被封住，他们会不断地用鼻孔出粗气，显示有他们的存在。这种人的创造能力比其他类型的人发挥得更淋漓尽致，并不是因为他们比其他人聪明，而是他们比其他人更敢于表现自己。

第9章 形态各异的站姿，人之秉性的自然体现

古怪型站姿

双脚自然站立，偶尔抖动一下双腿，双手十指相扣放在腹前，大拇指相互搓动。这种人的表现欲望特别强，喜欢在公共场合大出风头。如果什么地方要举行游行示威，走在最前面、扛着大旗的多数就是这种人。

他们大都争强好胜，容不下别人。倘若大家都说太阳是圆的，他们可能会说是方的，如若大家都说是方的，这种人可能会问大家："太阳怎会是方的呢？"他们不是愚蠢，他们聪明得很，大家都不能办到的事，他们仍旧会坚持。

虽然这种人喜欢出入于社交场合，其实他们的人际关系很差。以至于他们不得不把"静坐常思自己过，闲谈莫论他人非"作为座右铭挂在墙上。虽然他们敢作敢当的行为能够改变自身的坏形象，但仍然免不了不合群。

公共交通工具上的站姿心理学

如果是在公共汽车或者地铁上站立，可以通过一个人抓吊环的方式来判断其性格：不抓吊环，而仅抓环上的皮革的人可能是有洁癖的人，他觉得环圈很多人都拉，一定有细菌。

只用指尖勾住吊环的人其独立自主能力极强。如果是男性，他个性比较高傲，虽然他有时也听别人的话，但绝不附和。

紧握吊环的人喜欢将手与吊环完全接触，如此他可获得掌握感。他的独占欲比他人强烈得多，同时他也十分需要安定。

一只手抓两个吊环的人其依赖心很强，或是意志薄弱，或是他已非常疲劳了。

用指尖捏着吊环的人无论车体如何晃动，他都站得极稳，他的手指只不过是形式上的抓握而已。他是非常慎重的人，不太依赖别人，同时做任何事考虑得都很周到。

虽然抓住了吊环，但手却不停地在动的人，可能有些神经质，也表示他内心十分不稳定。

第10章
变化不定的走姿,内心状态透露的秘密

通过一个人的步姿可推断出他的性格。走路大步、步子轻盈及摆动手臂显示一个人自信、快乐、友善及富有雄心;走路时拖着步子、步伐小或速度时快时慢的人则相反;喜欢支配别人者,走路时倾向于脚向后踢高;性格冲动的人,则喜欢像鸭子一样低头急走;而拖着脚走路的人,通常是不快乐及内心苦闷的。女性走路时手臂摆得越高,便显示她精力越充沛和快乐。精神沮丧、苦闷、愤怒及思绪混乱时的女性走路时很少摆动手臂。

观察一个人怎么走路,你肯定会有所收获,你会觉得生活真是妙趣横生!

走路姿态的心理学

看过了静态的站姿,接着来看走路的姿态:

大踏步走路的人其身体非常健康、心地善良,此种人十分好胜而顽固。

走路姿态非常柔弱的人精神也十分衰弱,即使他的体格很健壮,一遇到精神上的打击也会立刻崩溃。

拖着鞋子走路的人或者是鞋跟磨损较严重的人,缺乏积极性,不喜欢变化,此外亦无特殊才能,生活可能受挫。不过,由足脚力学的观点来看,此种姿态在医学上有重大意义,关于这一点我们将在后面加以介绍。

以小快步行走的人性情容易急躁。

与小快步相反,爱迈大步且顺着直线优哉游哉步行的人独立能力很强,可能不太顾家。

行进时步伐凌乱的人可能会背叛其亲长,或遭到破产的命运。

一面走路一面回头看的人猜忌心与嫉妒心往往特别强烈。

步行时上身很小摆动的人有长寿之相。同时,这种人也较具有蓄财的本事。

走路时把右肩抬起来的人是权威主义者。古代时的官吏大多属于此类。

行走动作可以说是一个人内心世界的反映,而内心的个性亦会影响前途的发展。公关专家发现,那些已经成功的人,大多大踏步走路,眼睛目视前方,坚定有力。

走路步伐急促者的习性

他们不管有事还是无事,不管去办事的地点远还是近,即使他们有的是时间,走路时仍旧急急匆匆,两脚掌翻得特别快,仿佛总是有急事。

这种人是典型的行动主义者,大多精力充沛、精明能干,敢于面对现实生活中的各种挑战。

如果你的下属职工里有这样的人,无论怎样劝说,他们都会按照自己的思维方式做事,一定让你十分气愤。对于这种人,应该努力发现他们的优点,他们适应能力特别强,尤其是凡事讲求效率,从不拖泥带水等。如果你去让他们给你完成某工作(不要带威胁的口气),他们一定会在最短的时间里使你满意。

他们的另一个特点是敢于承担责任。因此,很多人愿把他们作为可靠的朋友,其实就算"终身"委托于他们也一定不会错。

走路步伐平缓者的习性

这种人走路时总是一副慢吞吞的样子,你无论说得如何急他们都不在乎,这是典型的现实主义派。

他们凡事讲求稳重,"三思而后行",绝不好高骛远,"癞蛤蟆想吃天鹅肉"的情况绝对不会发生在这种人身上。

如果他们在事业上得到提拔和重视的话,也许并不是他们有什么"后台",而是他们那种务实的精神给自己创造的条件。

这种人的观点是"眼见为实",因此他们一般不轻易相信别人,不知道这是他们的优点还是弱点,但把他们作为朋友一定相当不错,因为他们特别重信义、守承诺。不过要是你属于经常撒谎的人的话,最好别和他们来往。

走路身体前倾者的习性

有的人走路时习惯于上身向前微倾,并不是因为他们走得较快需用身体来平衡。这种人的性格较为温柔和内向,见到潇洒的男性或漂亮的女性时多半会脸红。但他们为人谦虚,一般都有良好的自身修养,女性则属于"大家闺秀"之类。

他们从不花言巧语,非常珍惜自己的友谊和感情,只是平常不苟言笑,与人相处也是一副"借他米还他糠"的冷漠样,很难与人亲近。但一旦成为知交则至死不渝,尤其在恋爱或婚姻出现分歧、决裂时,他们总是抱着"宁肯他负我,我绝不负他人"的观念。也因此他们时常对生活感到厌倦,因为较之其他类型的人来说,他们容易受伤害,而且不愿向人倾诉。

走路摇摆者的习性

一般来说,这种"行态"多出现在女性身上,不然就是喝醉了酒或者装疯卖傻,故意摇摇晃晃、歪天倒地的样子,当然也可能是"神经病"。

这类"走姿"的人看似行为随便,但他们待人热情诚恳,处事坦荡无私,本性善良,很容易与人相处,大凡社交场合总是他们的天下。

如果能忘记这种人走路的形态而与他们交往,他们总会乐意帮助你解决你的问题和困难,而且不需要你的感激。

日常生活中他们总爱出风头，经常无意地取笑别人，谈话时总是"口无遮掩"。但他们对爱情和婚姻却相当谨慎。

走路昂首挺胸者的习性

走路时抬头挺胸，大踏步地向前，充分显示自己的气魄和力量，当然难免给旁人一种高傲的感觉。

这种人爱以自我为中心，淡于人际交往，不轻易投靠和求助别人，哪怕他们碰到自己根本无法解决的事情时也是这样。

他们思维敏捷，做事条理性强，考虑问题比较全面。也许不是很复杂的一件事情，他们也时常为自己拟定一份计划。

他们习惯于修整仪容，衣履整洁，时刻使自己保持着完美的形象。无论是逛街还是访友，出门前他们总喜欢在镜子前端详一下自己，"头发零乱否？发型完整否？衣服平整否？皮鞋光亮否"，等等。

这种人的最大弱点是羞怯和缺乏坚强的毅力。经常看到他们有很多宏伟的计划，却很难发现他们事业的成就，加之个性羞涩，难以主动与人交往，时常不能充分发挥自己的能力，于是他们时常有一种"黄金埋土"的感觉。

这种人还极富组织能力和判断力，可惜他们时常说得多做得少。

"说话的巨人，行动的矮子"，多数都是这种人。

走路用军事步伐者的习性

走路如同上军操，步伐整齐，双手有规律性的摆动，在我们看来非常做作的人却感觉这样协调。这种人意志力较强，对自己的信念非常执著，他们选定的目标一般不会因外在环境和事物的变化而受影响。

这种男人往往最讨女人欢心也最让女人讨厌，因为他们一旦看上某个女人，就会非追到手不可，只要你答应他，他愿意每天拉着人力车来接送你。

这种人如果能充分发挥自己的长处，一定收效颇丰，因为他们对事业的执著是其他类型的人不可比拟的。但如果你的上司是这种人的话，日子可就不好受了，很多时候你会"吃不了兜着走"，因为他们一般都比较"独裁"，而且有时候甚至会固执地坚持，直到达成他个人的理想和目标。

第11章
看一个人的性情,要看他的睡姿

俗话说:"吃有吃相,睡有睡相。"睡眠学的研究者发现,一个人的睡眠姿势,是精神与下意识的计算尺,由"睡姿"可以读懂人心。

仰卧的人不怕得罪人

仰卧的人是有胆量、有独立精神的人,他们对自己的行为感觉良好,是不怕得罪人的人。

这种人珍惜友情,乐于助人,朋友们也觉得他是个性格豪爽的人,做事耿直不喜欢绕圈儿。实际上,他们也的确是个心直口快的人。如遇到不满的事,他们会据理力争,即使对方是他们的上司,也毫无惧色,一步不让。他们也从不记别人的仇,所以人们都会原谅他们。

与朋友交往时,别人会在不长的时间里把他们的优点和缺点看得一清二楚,他们对暴露自己的内心一点也不后悔,即使别人利用这种人的直率性格,他们也觉得无所谓。因为他们相信坦率是建立良好人际关系的基础,他们平生最讨厌说谎和虚伪的人,当他们发现对方是这种人时,会当场与之断绝关系,很少考虑后果。

这种人对待自己和别人都一样,都强调人的独立能力和自我创新精神,认为如果一个人丧失了这两样东西,那么可能成为无所作为的人。

由于这种人敢于面对自己,同时也敢于面对别人,他们会是很有出息的人。

俯卧的人害怕选择

对这种人而言,面对现实是很残酷的事情,如果由他们自己选择的话,他们宁愿逃避,而不愿出来面对困境。说穿了,这种人是个惧怕选择的人。

由于他们太依赖别人，而不能在现实中独当一面，他们的这种依赖性，使他们在今后的成长过程中受害不浅。

当他们面对难题时，最大的问题就是不能作出决策。当要解决的事情堆得越来越多时，他们就会彻彻底底地垮掉。

说得具体点，这种人容易让别人失望，虽然他不是个可恶的人，但在生活和工作上很可能是个软弱的人。如果他们继续让自己这样放任自流而不作弥补的话，他们可能会成为失败者。

侧卧的人漫不经心

这种人的个性有点漫不经心，不能说他们对生活不投入，但很多时候他们会做"塘边鹤"，当生活的旁观者。或许这种人只是在游戏人间。

事实上，这种人比较容易情绪化，总是处在情绪的波动之中，做事情时容易受感情的影响。不过他们也有很多长处，他们能很快忘记刚遇到的不快，重新振奋精神。

很多人都能与这种人和平共处，他们很少树敌，不仅是个耐心的听众，而且很多时候也愿作为一个参与者而加入到谈话之中。

在工作中，这种人一般都有上佳的表现。当然也有大失水准的时候，这跟他们波动的情绪有关。

这种人对自己的内心世界也有一定的了解，深知自己存在的缺点，但他们并不打算去改变，他们始终认为人无完人，况且现在的生活已经相当不错了。人的欲望是无止境的，他们不愿去作无为的追求。

第11章 看一个人的性情，要看他的睡姿

裸睡的人向往自由

这种人向往自由和漂忽的东西，所以，很难忍受被束缚的生活，当他们独自一人的时候，希望能够彻底解放自己。

从他们的行为中知道，这种人是靠感性思维生活的人，一般做事情时，他们靠自己的感性思维去作决定。比如当他们新结识一个人时，不是按照通常的方法去了解这个人，而是完全凭自己的直觉去结识这个人，看他是否值得自己去结识，所以在这点上成功和失败的经验是相差无几的。

这些特征使这种人可能会受到别人的指责，在工作和生活中，有人会批评他们缺乏理性，而喜欢感情用事。但他们不为所动，认为过多的理性会使自己丧失很多乐趣。

独睡的人喜欢孤独

无论在工作和生活中，这种人都是一个独行者，极度重视私人空间，认为它是神圣不可侵犯的，即使是最亲密的人，也不轻易允许随便闯入。

孤独是这种人的最好伙伴，他们几乎没有倾谈心事的对象，在他们的成长过程中，他们已习惯了独立解决问题和应付一切困难。

他们太喜欢独自一人生活了，把自己的感情世界看成是生命的堡垒，很少邀请别人走进他们的内心与之倾心交谈。

从某方面来说，这种人是带有自恋倾向的人。在生活中，他们是一副自给自足的样子，很少依赖他人。他们并不认为别人关心他们是有意与他们为友，他们只不过不想别人干涉自己的私人生活。

第12章
心情风景线,衣着打扮写满了心思符号

人的衣着打扮,不仅反映了一个人的容貌、气质和风度,也反映了一个人的素质和审美观。

服装是一种物体语言,它可以传递人的心理状态、意向、性格、爱好、兴趣,以及身份等多方面的信息。举例来说,公司的公关人员很少穿得古板单调、稀奇怪诞,而会穿得时尚优雅、自然潇洒,使人愿意与之接近交谈或者成为朋友。

服装是人的第二皮肤

人们常说,服装是人的"第二皮肤",由此可见,服装对于人自身、对于人们的个性展示和情绪变化,都起着十分重要的作用。

当然,这里指的是广义的"服装",它包括鞋、袜、帽子。

我们平时所见到的服装种类,多姿多彩,形形色色。换句话讲,如问"这服装怎么样"则只表示流行的原则。而如果某人穿着讲究,或衣服的布料很值钱,那么就表示此人社会地位和经济基础不错。此外,衣服的颜色和情调,也因为年龄不同而有区别,一般来说,年轻人喜欢穿清爽明快的服装,上了年纪的人,则喜爱色调比较暗淡的衣服。

总之,服装可以表示一个人的社会地位、身体或所属的职业性质;同样的,我们也可以从对方的衣服颜色、情调以及跟年龄有关的条件,来观察对方内在的心理现象和性格特征,因为,衣服是人类的第二皮肤,所以服装可以比较正确地表现本人的性格和心理状态。

人类来到世上本来就是无物的,但是,大家都为了隐藏自己的"庐山真面目",所以才要穿衣服。实际上,人们没料到,自身想要掩饰的东西,却被自己喜好的衣服,包括颜色、布料和情调,所展露出来。因为每个人所选购的衣服,穿在身上虽能掩盖自己的肉体,却无法掩盖自己的性格和心态。

一、华丽的服装

在当代社会,我们会在不同的场合,发现一些人喜欢穿着引人注目的华丽服装。他们为自己的华服而显得得意洋洋。其实,要探察他们内心世界非常容易。

因为喜欢华丽衣着的人,大体上意味着此人怀有很强烈的自我表现欲,但是，假如衣着华美超过了限度，那就会变成了撩人眼神的奇装异服了。

一般来说，爱穿这类服装的人，除了表示怀有极强的自我显示欲外，还常常具有某种歇斯底里的性格。而且，这种人对于金钱的欲望比较强烈。

而另有一种人，他只对穿着中的某部分特别讲究，如他对领带或鞋子非常讲究，这也表明此人在某方面十分能坚持自己的主张，是个颇具个性的人。

当然，他拼命地重视某部分的打扮也可能另有原因，比如是想要掩饰自己某方面的生理缺陷。或者，有些女子对于自己的容貌缺乏信心，也就怀疑自己没有吸引男人的魅力，所以才依靠服装为自己增添色彩。而有些男子秃头很厉害，于是，他就穿上昂贵的名牌皮鞋和真丝袜子，借此分散别人的注意力。

一般而言，女性比较注意流行的趋势，而且亦比较容易跟随这种潮流，这是女性特有的嗜好。而在当今社会，也有不少的男性喜欢追随时尚潮流，对名牌趋之若鹜。

大体上说，这些人不敢正视自己缺乏自信的心态，所以，就把心思转移到自己的外表装扮上，寄希望在通过穿着提高自己形象。而这种行为，完全是弥补自卑感的表现。

二、朴素的衣服

假如某人是个喜欢穿单色衣服或喜欢使用单色物品的人，那么，他的自我意识较强，性格坚韧，不畏惧一切困难，在处理事情上，善于抓重点，能够出色完成一切事务。说得好听点，这种人很有前途，能够在任何行业中脱颖而出，成为出类拔萃的人物。

比如，某人经常喜欢穿灰色斜纹布的服装，它就像树木剖面的形状，是一种自然的本色，表面上反映出他是个平静、随和的人，没有任何野心和动机不纯的表现。但另一面却反映出他可能不是个平凡的人，而是有某种深刻的意图和强烈的自信心。

因为这种本色和色调鲜明的颜色相反,能起某种遮掩的作用,但它从另一面显示主人内心强大的欲望。

因为衣服的颜色是本色的,它所透视出来的性格表现为沉稳、不爱虚荣、有独立能力,给人以质朴感,这些表现都说明这种人很容易取得别人的信任,也很容易被委以重任。

但是,就像任何事物都有他的两面性一样,这种人的负面反应是:不善交际,没有更深层次的友情,他的成就完全靠自己的努力和奋斗。

由于他是个对上流社会不感兴趣的人,倘若要他与别人采取同样的嗜好,那他就会认为失去了自我的本质,所以,这种人的内心老是怀有对这种状况不安的因素。如果他跟别人一起工作或游玩时,即使遇到很微小的事情,大多数时候也喜欢以自我为中心,而不会顾及别人的感受,结果常常会招来无端的指责。

三、不断变化的服装

有一些人完全不理会自己对服装的真正嗜好,而是专心致志地注意社会上的流行情况。这种盲目跟随流行的人,其实,在内心里常常会有某种孤独感,表现出来的感情也显得非常不安。

另一些人却是缓慢地改变自己对流行的态度,最后选定适合自己的服装。很显然,这一类人似乎越来越多了。总之,这种人能够适当地尊重自己的主张,而不是完全盲从于流行趋势。

而有时候,一些人会因为外界的影响而改变对服装的嗜好,甚至穿起完全没有经过选择的服装,这种人很可能是因为情绪不安而导致的。或者说,他们对自己那份单调的工作不满,希望通过富有变化的生活而改变这一枯燥的环境,也可以说,这是一种逃避现实的表现。

比如你的某位同事,他平常都穿着一身固定的样式和格调的西装,但有一天,他却突然改穿潇洒的休闲服和闪亮的长裤,而且脚上套的是一双名牌跑鞋而不是以前的黑皮鞋，结果肯定会引起人们的好奇：他为什么会这样？其实不管从表象或者精神方面说，他的内心必然受到了某种刺激，使他在想法上发生了深刻的变化，或者他的内心已经怀有某种新的决定和构想。

从服饰洞察性格和心理

"衣服是文化的表征，衣服是思想的形象。"大文豪郭沫若先生曾这样说过。在现实生活中确实如此，通过一个人的穿着能看出一个人的个性与品格。

经常穿大方、朴素衣服的人的性格比较沉着、稳重；为人真诚、厚道；工作、学习很认真，办事原则性强，具有高度的责任心；工作起来踏实能干，比较含蓄，不爱张扬；遇事沉着冷静，理智处理。这种人的缺点是：太过于本分，没有创新能力，缺少魄力。

经常穿单一色调衣服的人大多比较正直、刚强；理性思维较强，感性思维较弱。

经常穿淡颜色衣服的人个性比较开朗、活泼；谈吐能力较好，擅长交际。

经常穿深颜色衣服的人不太爱说话，性格比较稳重，显得很有城府，很老练；遇事冷静，深谋远虑。

经常穿五颜六色、款式独特衣服的人虚荣心比较强，希望成为外人注目的焦点，爱表现、张扬；但太趋于流俗，缺少优雅的成分。这种人比较任性，不听他人的意见，有独断专行的特点。他们爱自作聪明，但是往往把事情搞得更糟糕。

经常穿过于高档华丽的衣服的人有很强的虚荣心，并且自我表现欲、对金钱的欲望很强，是典型的物质崇拜者。

经常穿流行时装的人,他们的衣服跟着时尚走,流行什么就穿什么,毫无自己的主见,也没有自己明确的审美观。这种人情绪波动大,多具有朝秦暮楚的个性。

经常根据自己的喜好选择服装与款式,不受外界干扰的人独立性比较强,有较强的判断力与决策力;并具有很强的自主性与毅力,一旦制定了自己的目标,就努力完成,不达目的誓不罢休。

经常穿同一款式衣服的人性格大多比较直率、爽朗,有较强的自信心。这种人态度端正、是非分明;做事认真负责,大胆果断,显得非常干脆利落;对人很讲义气,很遵守诺言;但有时候有清高自傲的特点。这种人自我意识比较坚定,立场很难改变。

经常改换衣服的人以女性居多。她们的衣服特别多,经常更换。这种人大多爱炫耀,爱张扬,喜欢挑剔;待人不够真诚,做事是个完美主义者。

喜欢穿无袖汗衫的人的性格比较奔放、放荡不羁;但待人十分随和、亲切。这种人目标不大,爱顾眼前利益,有享乐主义色彩;做事率性而为,不会墨守成规,我行我素,喜欢突破、创新;自主意识比较强,常常以个人的好恶来评判一切。你如果损害了他们的正当利益,他们毫不手软,会讨回公道,比较强势。

经常穿长袖衣服的人个性比较传统守旧,为人处世喜欢循规蹈矩;对新事物持排斥态度,没有创新精神。这种人热衷于争名逐利,把自己的人生理想定得很高;但是他们能吃苦耐劳,适应能力比较强,即使在很艰苦的条件下照样能干出一番事业,所以很受人尊重。这种人爱当领导,比较注重自己在他人心目中的形象,言谈举止都很讲究,衣着严肃,很庄重。

经常穿宽松自然衣服的人多是内向型的。他们自我意识特别强,常常以自我为中心,比较孤僻,不愿与别人共处,爱独来独往。这种人大多很孤独,有时也想和别人交往,但总不能接受别人的缺点与不足,最终还是成为孤独者；做事也缺乏信心与魄力，但比较聪明，有比较独特的见解。

经常穿紧身衣服的人虽然喜欢穿有约束的衣服，但性格是很开放不拘的；他们最不愿意受约束，常有叛逆心理，但力量微弱，容易被世俗的势力打倒，想超脱又做不到。这种人做事比较干净利落，生活很检点；女性的话会很温柔，富有同情心。

穿着马虎的人穿衣服很不讲究，马虎邋遢。这种人缺乏机密性与逻辑性，但较有实力。他们富有积极性，对工作认真负责，待人热情，从事某项工作说到做到，有始有终；缺点是不喜欢别人指出自己的缺点，虚荣心很重。你一旦在面子上与他们过不去，就很可能会对你有报复心理。所以，你要谨慎地与这种人打交道，因为他们心胸比较狭窄。

从所穿的T恤观察对方

现在，T恤已经成为一种最普及、最受欢迎的夏装。在过去，T恤只是用来保暖和吸汗的内衣，可是现在，它已演变成了一面公众告示牌，可以任由自己在上面随便记录或宣泄各种情绪和想法。所以，选择什么样的T恤可以更直观地看出一个人具有什么样的性格。

有的人喜欢穿非常纯朴的白色T恤，这样的人多有自己比较独立的个性，他们不会轻易地向世俗潮流低头。他们往往具有一定程度的叛逆精神，但表现的形式往往不是特别的明显和恰当。

有的人喜欢穿没有花样的彩色T恤，这样的人自我表现欲望并不是特别的强烈，他们甚至可以甘于平凡和普通，做一个默默无闻的人。他们大多比较内向，不太爱张扬，而且富有同情心，在自己能力许可的条件下，会去关心和帮助他人。

有的人喜欢在T恤上印上自己的名字,这样的人思想多是比较开放和前卫的,能够很轻松地接受一些新鲜的事物,他们对一些陈旧迂腐的老观念多持一种排斥的态度。他们的性格比较外向,喜爱结交朋友,为人比较真诚和热情,所以通常会有比较不错的人际关系。他们自信心强,并且善于随机应变。

有的人喜欢穿着印有明星图像的T恤,这样的人多是追星族,他们对明星有无限的崇拜,并且希望自己有朝一日能像他们一样。

有的人喜欢在自己的T恤上印上一段搞笑的话,这样的人多具有一定的幽默感,而且具有聪明的头脑和智慧。另外,他们也具有很强的表现欲望,希望自己能够吸引别人的注意。

有的人喜欢穿印有名牌大学或知名大企业标志的T恤,这样的人多比较希望他人知道自己的身份,并且对自己所在的单位和企业具有一定的感情。他们希望能够以此为载体,吸引一些志同道合的人。

有的人喜欢穿印有著名风景图案的T恤,这样的人对旅游和自由有无限的热爱。他们的性格多是外向型的,对新鲜事物的接受能力很强,而且具有一定的冒险精神。这样的人自我表现欲也比较强,希望把自己所知道的一切都传达给他人。

色彩的选择受心理影响

人们在选购一件大衣或一辆跑车时,面对价钱相当的两项选择,有些人会以颜色作为优先考虑的因素,另一些人则较为重视造型。

根据研究,这两类人在性格上有颇大的差异。较注重色彩的人,他们具有外向气质,容易活跃于各个场合中,是属于容易冲动、重感情的人。他们深富魅力，有公关、交际手腕，热情洋溢，讲求享受，重视社交生活。

注意外观造型的人，则与前者完全相反，是内向、害羞，不擅长社交的人。他们喜欢关起门来独自思索，坚持自己的原则，敏感、纤细，在众人面前常会手足无措。上街选购东西，只要外观合他们心意，不管红的、白的、黑的，他们都不太在乎。

美国作家黛安·艾克曼在《感官之旅》中提到，我们对色彩的感觉是相对的，而非绝对的，依时间、光源、文化、语言甚至大脑的结构而受到影响。例如，有些民族没有合适的言辞形容绿色，只能用暗或亮来形容；爱斯基摩人有几十种关于白色的形容；而莫奈绝美的睡莲，是视觉消失之后的记忆之色……色彩在我们心中引起的情感与记忆，影响着我们看待世界的观点。不过，大部分的人类对于红色、蓝色、黄色等颜色的心理感受，意见比较相似。

偏好红色的人在性格上活泼、大胆、新潮，对流行趋势感应敏锐，是容易感情用事的人。他们有强烈的感情需求，希望获得伴侣慰藉。缺点是：浮夸、吹嘘，注重外表修饰，有较强烈的物质欲望。

偏好绿色的人在性格上为人严谨、守本分，做事稳重，是值得信任的坚实派人物。他们缺乏感性思维，经常不苟言笑，有耐性及实践能力，坚忍、认真，凡事按部就班，对待金钱也颇有规划性，能在稳定中求得事业的发展。

偏好黄色的人个性积极，喜爱冒险，乐观、爽朗，喜欢结交朋友，是达观、乐天的社交派人物。如果是女性的话，对爱情积极、主动，与异性交谈常有嗲声嗲气的语气，非常懂得善用撒娇的好处。

偏好蓝色的人的个性是态度明朗、诚实，处事方式偏向中庸，既不冒进也不退缩，做事颇富弹性，具有回旋空间。

偏好紫色的人谨言慎行，喜怒不形于色，属于大内高手型。他们许多内心的想法都深藏着,不愿表达出来;姿态优雅,富神秘气质,不善于交际手腕,给人冷漠、高傲的印象;喜欢思索,善于压抑、控制自己的情感。

偏好黑色的人的个性与紫色略为相似,但心态上更为阴郁些,孤独、自闭,希望保有一定的私人空间。

偏好白色的人个性爽朗直接、单纯,任何一个人只要穿上白色的衣服,都给人一种洁净、清新的印象。喜欢白色的人向往单纯、柏拉图式的生活,有隐藏本性的倾向。

偏好灰色的人缺乏毅力,性格怯懦、胆小,凡事依赖他人,缺乏主见,耳根子软,容易受别人影响,改变已经决定或承诺的事情。

人们对不同色彩的偏好,也透露出潜在的性格倾向。自己偏好的颜色常会反映在日常服饰或用品上。因此,借由某人平日爱穿戴哪一个色系的衣服、饰品,我们可以大略了解其性格。

对衣服的选择展现品性

一、喜欢穿白衬衫的人

喜欢穿白衬衫的人,往往是缺乏主动性、判断力、羞耻之心的人。他们在色彩感觉上、装扮上都有非常优秀的品位;相反的,不论对什么服装,只要穿上白衬衫都能显得相得益彰。白色确实与任何颜色的服装都能搭配组合,关于这一点没有什么异议。此外,白色代表洁净。

白色与任何颜色都能搭配的优点,当然也能给人一种亲切感。有喜好穿白衬衫习惯的人,大多以工作为重心,是不折不扣的现实主义者,对工作有一贯认真的态度。这种人大多比较繁忙,有时候他们的工作态度不易为别人所接受。这种人容易自以为是。他们在生意场上常常是个躁动分子,极可能与他人起冲突，随时有大动干戈的事情发生，在人际交往中，遇到这种穿着的人要有戒备之心。这种人经常会为自己的失误寻找借口。

二、喜欢穿粗直条整套西装的人

在一般薪水阶层人士的穿着习惯中，很少看到穿蓝色粗直条西装的人。大多数的自由职业者，为了掩饰事业上引起的感觉不安，才喜欢穿这种整套的西装。

这种人前卫、时尚。由于对自己没有信心，又恐怕被别人发现，或者因为情绪上的孤独不安时，才会穿上粗直条整套西装。

与这种类型的人接触时，最好不要攻击对方的缺点。如果言谈之间的内容不假思索的话，会受到对方的攻击，因此需多加注意。

三、喜欢穿背后或两旁开叉上衣的人

那些穿着英国制的西装、带花纹的领带、小羊皮或羔羊制皮鞋，佩带珍珠袖扣、瑞士制的手表、高级的舶来品眼镜框、名牌打火机等的绅士们喜欢穿这种衣服。

这种人通常会给人以商界大亨或来头不小的感觉。而且这种人通常极具伪装性，故意显示出一副领导者的风范，但这种人通常让人失望。这种人的金钱观念比较淡薄。对长期交易没有多少兴趣，往往特别注重短期交易，具有追求一夜暴富的倾向，属急功近利之辈。

和他们以信用为主进行交易时，必须详细调查他们的底细。对方为了慎重起见想暂停交易的话，他们则会施以强硬态度。若对方采取冷静态度，他们会马上变为软弱战术。这种人士会对人轻易许诺。此时，你委婉推辞为上策。其实这种人的性格比较神经质，疑心重、嫉妒心强、独占欲旺盛，是喜欢装饰外表并且好玩的典型。然而，观其外表又是一副诚实的模样。

透过泳装看女人心理

当你欣赏泳装美女时,不要被她们动人的曲线迷晕了头,其实凭借着泳装的款式和颜色,你可以了解她们的内心。心理学家发现,女性选择泳衣的款式和颜色时,往往暴露出她们的意图和心态。甚至可以由此了解女性内心的真正欲望和对异性的态度。

依颜色喜好作性格推断,始于德国心理学家鲁米艾尔,此后,这种研究风行世界。使用某种特定的颜色,或者改变你对颜色的喜好,还能帮你改变情绪和性格。

一、红色的泳装

喜欢红色泳衣的女性,做事积极主动,意志坚强,不轻易服输,很难受别人左右;在恋爱方面一贯主动热情,最受年轻男士欢迎;工作上,努力赚钱,大方花钱。她们还是partyanimals,喜欢在晚会上担当重要人物。

二、黄色的泳装

她们比较理性和冷静,对自己的智慧和能力充满信心,因此也期望获得他人的赏识。从外表上看她们好像很温顺,其实却很好强。在金钱上,她们很豁达,除非手头真的拮据,否则不会很在乎金钱。

三、蓝色的泳装

她们个性温柔细腻,气质优雅,但比较敏感,是个容易受伤的女人。她们憧憬温情和浪漫的爱情,重视友情,但缺乏赚钱或储蓄的头脑。

四、绿色的泳装

她们具有两面性,在金钱方面比较理性,不会在冲动之下肆意消费。

五、紫色的泳装

她们具有天生的鉴赏力,有个性。许多设计师都喜欢紫色。此种人讨厌

平庸，想法独特。在消费方面，她们抱着该花则花、该省则省的态度。

六、黑色的泳装

她们分为两种截然不同的类型，要么老实、朴素，不喜欢引人注意，要么总喜欢哗众取宠。对于金钱，她们要么节俭，喜欢朴实安定的生活；要么充满野心和欲望，向往奢靡的日子。

七、白色的泳装

喜欢白色泳衣的女性，多数平和冷静，善于表达自己的感情。她们较少受华丽外表的迷惑，更在意的是内心的情感和精神。她们不喜欢太出位，不喜欢高调的东西。她们诚实，责任感强，秀外慧中。表面上看她们会掌握金钱，事实上，常会把钱花在不该花的地方。她们对自己的身材和美丽很有自信，恋爱时很少会先向对方表达爱意。

内衣样式暴露女人的性格

女性内衣已不再是一件神秘的事物，无论在超市商场，还是街边小店，都随处可见。它们无论在色彩、质地、做工，还是在塑体功能上，都呈现出千姿百态，满足了众多女性的不同需求，让爱美女性流连忘返。

也许女人认为挑选内衣是自己的专利，购买和穿着内衣也是一件非常平常的生活小事。其实不然，一件经过千挑万选的内衣是她们爱好的体现，同时也会暴露出她们的心理和性格特征。

一、喜欢穿棉质内衣

她们多数是觉得自己没有长大，时不时地还流露出小女孩的顽皮，而此时的她们或许已经成为了孩子的母亲。她们喜欢运动，但不一定专指体育活动，而是展现活力的一种方式和需求。在对待自己身体和性爱方面，她们表现得很从容，并且她们很少轻言放弃。

二、喜欢穿紧身内衣

她们多属于开放类型，喜欢暴露，希望伴侣会为她们迷人的身段而神魂颠倒，并对自己的身体和所持的开放性观念引以为荣，性格直率，想说什么就说什么，内心被他人了解得一清二楚，容易被人欺骗。

三、喜欢穿透明内衣

她们外表虽然诱人，但骨子里依然保持着传统思想，因为她们善于为平淡的生活增添一些乐趣。

四、喜欢穿黑色内衣

她们是十足的享乐主义者，把卧室当成自己的娱乐场所，随心所欲，而且不对自己的伴侣有半点隐瞒。她们最为性感和迷人，在感情方面较主动。

五、喜欢穿白色内衣

白色代表纯洁，所以这种女人大多比较保守。她们不善于表达感情。她们恪守道德准则，娴静是对她们最恰当的形容。

化妆展示女人的欲望

美容和化妆是女人的专利，女人可以装扮得有个性，有色彩，有品位；或者优雅，或者媚俗……

喜欢淡妆，这样的女人大多没有太强的表现欲望。她们大多属于聪明和智慧的类型，不会将时间和精力都耗费在梳妆台前；往往有着自己独特的想法，而且敢打敢拼，所以较能获得成功；极少向他人透露心底的秘密，最希望的是别人尊重她们，对她们的难言之隐给予支持和理解。

喜欢浓妆与喜欢淡妆的人相反，这样的人大多数表现欲望非常强烈。她们不辞辛苦地将各种化学药剂涂抹在自己的脸上，并忍受痛苦用各式工具修饰五官，为的是用一种极端的方式吸引他人的目光，而他人的欣赏往往使她们心甜如蜜。前卫和开放是她们的思想特征，她们对一些大胆和偏激的行为保持赞赏的态度。她们真诚、热忱，一些恶意的指责并不能使她们受多大的伤害，她们对他人依然会很尊重。

唐代诗人李白的佳句"清水出芙蓉，天然去雕饰"，是对不爱化妆的女人最恰当的形容，而这种自然之美往往会给人一种耳目一新的感觉。她们不会从表面上看问题，会静心地探究事物的实质，看人也是用心去剖析。

有的人从小就开始化妆，这样的人会将自小养成的那套化妆理论和方法，延续到成年，甚至中年和老年。其实这是一种怀旧心理在作祟，美好的过去让她们回味无穷，忘记现实中的烦恼和不如意，但她们依然保持头脑清醒，不会沉迷其中而忘记现实。她们讲究实际，会极力把握住现在的所有。她们热情善良，善解人意，拥有很多可以推心置腹的朋友。

有的人把自己绝大部分时间都花费在化妆上，这样的人为了完成自己的目标不惜花费巨大代价，任何事情都追求尽善尽美，属于典型的完美主义者。她们倾尽所有也要使自己的容貌达到自己满意的程度，最主要的是她们对自己的才智和财力都有十足的把握，而唯一不自信的是自己的外貌，为了成为一块无瑕美玉，只好不停地审视自己，用化妆来掩饰不足，结果却可能适得其反。

有的人在化妆的时候特别着意某一处，这样的人通常对自己有相当清楚的认识，对自己的优点和缺点知道得一清二楚，善于扬长避短。她们对自己充满了信心，坚信付出就会有回报，所以会脚踏实地地为自己的目标而奋斗。她们讲究实际，注重现实，不会沉湎于虚无缥缈的幻想之中。她们遇事镇静沉着，对事情的判断坚决果断，但不能纵观全局的弱点往往使她们收获甚微。

还有的人喜欢化怪妆，眼皮周围或是黑乎乎的，或是蓝幽幽的；嘴唇

第12章 心情风景线，衣着打扮写满了心思符号

也是有时黑有时红，有时大嘴巴，有时小嘴巴。喜欢如此怪妆的人把这种化妆当成宣泄感情的一种方式。她们通常具有强烈的逆反心理，但现实生活经常与她们的愿望相悖，所以喜欢用一些非常规的思想和行为与社会分庭抗礼。

第13章
心理显微镜，玲珑小饰品心情大世界

一个人选择什么样的饰品，才能与自己的个性相匹配呢？只有搭配得当，才能达到最好的效果。而这种搭配，也是一个人性格的外露。通过佩带的饰品也能观察出一个人的性格。

手提包：拿在手中的心情

提包是人们在工作、学习和生活当中非常重要的一件物品，很多时候它几乎与人形影不离。人们走到哪里，它们也随之被带到哪里。它们在一定程度上可以向外界传达一定的信息，让外界通过提包来认识它们的主人。

一、大众化的提包

提包的样式是多种多样的，人们可以根据自己的喜好进行选择。一般来说，选择的提包比较大众化的人，他们的性格也比较平和，或者是说没有什么特别鲜明的个性。他们在很多时候都是随波逐流的，大家都这样选择，所以我也这样选择。这样人没有自己的主见，目光和思想比较平庸和狭窄，人生中多少有些收获，而无大的成就和发展。

二、有个性的提包

选择的提包十分有特点，甚至是达到那种让人看一眼就难以忘却的程度的人，其性格可能要分两种不同的情况来分析：一种是他们的个性的确特别强，对任何事物都能从自己独特的思维、习惯等各方面出发，从而作出选择。这一类型的人多数具有艺术细胞，他们喜欢我行我素，不被人限制，而且他们标新立异，敢冒风险，具有一定的胆识和魄力。如果不出现什么意外，自己又肯努力，将会在某一领域作出一定的成绩。另外一种人，他们并不是真正的有个性，也没有什么审美眼光，不过是为了要显示自己的与众不同，故意作出一些与其他人迥然有异的选择，以吸引更多的目光罢了。这一类型的人自我表现欲望及虚荣心都比较强。

三、休闲式的提包

选择休闲式提包的人，可以看出他们的工作有很大的伸缩性，自由活动的空间比较大。正是由于这样的条件，再加上先天的性格，这种人大多很会懂得享受生活。他们对生活的态度比较随便，不会过分苛刻地要求自己。他们比较积极和乐观，也有一定程度的进取心，能很好地安排自己的工作、学习和生活，做到劳逸结合，在比较轻松惬意的氛围里把属于自己的事情做好，并取得一定的成就。

四、公文包

选择公文包的人从一个侧面说明了主人工作的性质。他们可能是某个企事业单位的老总，如果是普通职员，也是比较正规单位的。选择公文包可能是出于工作的一种需要，但在其中多少也能透出一些性格的特征。这样的人大多办事较小心和谨慎。他们对自己的要求往往更高。

五、有把手、方形、可作配饰的包

体积小，而且把手是方形或长方形的手提包，在有些时候可以当成是一件配饰。这种手提包外形和体积都相对比较小，所以使用起来并不是特别的方便。喜爱这种款式手提包的人，多是没有经历过什么磨难的人。他们比较脆弱和不堪一击，遇到挫折，容易妥协和逃避。

六、中型肩带式包

喜欢中型肩带式手提包的人，在性格上相对比较独立，但在言行举止等方面却是相对较传统和保守的。他们有一定相对自由的空间，但不是特别的大，交际圈子比较狭窄，朋友可能也不是很多。

七、小巧精致、不实用的包

选择非常小巧精致，但不实用，装不了什么东西的手提包的人，一般来说，应该是年纪比较轻，涉世也不深，比较单纯的人的最好选择。但如果已经过了这样的年纪，步入成年，非常成熟了，还热衷于这样的选择，说明这个人对生活的态度是非常积极而又乐观的，对未来充满了美好的期待。

八、具民族风情、地方特色的包

比较喜欢具有浓郁的民族风情、地方特色的提包的人，自主意识比较强，是个个人主义者。他们个性突出，往往喜欢与他人不同的衣着打扮、思维方式等。有些时候显得与他人格格不入，有时很难营造出比较好的人际关系。

九、超大型手提包

喜欢超大型手提包的人，性格多是那种自由自在、无拘无束的，他们很容易与他人建立某种特别的关系，但是关系一旦建立以后，也容易破裂。这也是由他们的性格所决定的，因为他们的生活态度大多散漫，缺乏必要的责任感。虽然他们自己感觉无所谓，但却并不是其他所有人都能容忍和接受的。

十、金属制包

喜欢金属制手提包的人，多是比较敏感的，并且能够很快跟上流行的脚步，他们对新鲜事物的接受能力是很强的。但是这一类型的人，在很多时候自己并不肯轻易地付出，而总是希望得到别人的付出。

十一、中性色系包

喜欢中性色系手提包的人，其表现欲望并不是很强烈，大多数人不希望被人注意，目的是减少压力。他们经常持得过且过的态度，比较懒散，在对待他人方面，也喜欢保持中立的立场。

十二、男性化包

喜欢男性化包的人（这里是针对女性而言），一般来说都是比较坚强、能干的，并且趋于外向化的女性。

十三、口袋多的包

一个手提包有很多的口袋，可以把各种东西放到该放的合适位置，选择这样的手提包的人，说明他们的生活是十分有规律的，而且能在大多数的时候保持头脑的清醒，不会轻易作出糊涂的事情。

十四、可以当做购物袋的手提包

把手提包当成购物袋的人,多是希望寻找捷径,在最短的时间内以最少的精力把事情办成的人。他们大多很讲究做事的效率,但做起事来又比较杂乱无章,没有一定的规则,很多时候并不能如愿以偿。他们的性格多比较亲切和随和,有很好的耐性,满足于自给自足。在他们的性格中,感性的成分要比理性成分多一些,做事有些喜欢意气用事。独立能力比较强,不太喜欢依赖别人。

十五、物品摆放杂乱无章的包

提包里的东西摆放得乱七八糟,没有一点规则,要找一件东西十分困难,这样的人可以看出他们的生活也是杂乱无章的,奉行的是"无所谓"的随便态度。这一类型的人做事多比较含糊,目的性不明确,但对人通常都较热情和亲切。缺点是一般不会体贴人,不够谨慎,办事欠可靠,工作不够细致。

由于他们的生活态度有些过分随便和无所谓,所以常常会导致自己陷入比较难堪的境地。和这一类型的人相识、相交都比较容易,但是分开也不难。在工作中,具有高度责任感的人很难与这种人合作。

十六、摆放层次分明、井然有序的包

提包内的各种东西摆放得层次分明,想要什么伸手就可以拿到,这说明提包的主人是一个很有原则性的人,他们多有很强的进取心,办事认真可靠,待人也较有礼貌。一般来说,这种人办事认真可靠,生活有条理,善于待人接物,有组织才能。此外,这种人大都很自信,并且善于安排生活,对工作有高度的责任感。但缺点是他们大多比较严肃、呆板,会过多地拘泥于生活中的细节。

十七、应有尽有的包

有些人的手提包里应有尽有,比如眼镜、镜子、梳子、首饰盒、指甲

刀、电话号码通讯录、手纸和针线，等等。如果携有这种提包的主人是女性，那么，她往往是凡事严格认真，善于处理实际问题，办事仔细。此外，这种人往往很能持家，心地善良，对人体贴入微。如果上述物品在男人的手提包内发现，则显示他过分拘泥于细节。

十八、习惯不带包

不习惯于带手提包的人，其性格要分几种情况来说，有可能是因为他们比较懒惰，觉得带个包是一种负担。还有一种可能是他们的自主意识比较强，希望独立，而手提包会在无形当中造成一些障碍。这两种情况都是把手提包当成是一种负担，可以显示出这种人比较向往自由。

手表：时间背后的品位

一个人对时间持什么样的看法，很大程度上是由他的性格决定的，而时间对人具有什么样的影响，很多时候又通过所戴的手表传达出来。这两者之间有着非同一般的关系。

有一种新型的电子表，只要按一下显示时间的键，就会出现红色的数字，如果不按，则表面上一片漆黑，什么也看不见。喜欢戴这一类型手表的人多是有些与众不同之处的。他们独立意识强烈，从来不希望受到他人的约束和控制，而是自由自在、无拘无束地去做自己想做并且也愿意去做的事情。他们善于掩饰自己的真实情感，所以一般人不能轻易走近去了解他们。在他人看来，这种人是非常神秘的，而他们自己也非常喜欢这种神秘感，乐于让他人对自己进行各种猜测。

喜欢液晶显示型手表的人，在生活中多比较节俭，懂得精打细算。而且他们的思维比较单纯，对简捷方便的各种事物比较热衷，而对于太抽象的概念则难以理解。他们在为人处世各方面大多都持比较认真的态度。

　　喜欢将手表当闹钟使用的人,他们大多对自己要求比较严格,总是把神经绷得紧紧的,一刻也不肯放松。这一类型的人虽算不上传统和保守,但他们习惯于按一定的规律和规定办事,他们在争取成功的过程中任何一件事都是以相当直接而又有计划的方式完成的。他们有责任心,有时候会刻意地培养和锻炼自己在这一方面的能力。

　　戴具有几个时区手表的人,他们多是有些不现实的。他们有一定的聪明和智慧,但一切都止于想象而已,很少去付诸实践。做事常三心二意,这山望着那山高。在一些责任面前,他们常以逃避的方式面对。

　　戴古典金表的人,他们多是具有发展眼光和长远打算的人,他们绝对不会为了眼前一些即将得到的利益而放弃一些更有发展前途的事业。他们心思缜密,头脑灵活,往往有很好的预见力。他们的思想境界比较高,而且较成熟,凡事看得清楚透彻。他们比较有宽容力和忍耐力,重义气,能够与家人朋友同甘共苦,生死与共。他们有坚强的意志力,从来不会轻易向外界的困难和压力低头。

　　喜欢怀表的人,多对时间有很好的控制能力。虽然他们每天的生活都是忙忙碌碌的,但是却并不是时间的奴隶,而是懂得如何在有限的时间里放松自己、寻找快乐。他们善于控制和把握自己,适应能力比较强,能够很好地调整自己的心态。他们多有比较强的怀旧心理,乐于收藏。他们言谈举止高雅,具有一定的文化修养。他们有比较浓厚的浪漫思想,常会制造一些出人意料的惊喜。他们为人处世有耐心,很看重人与人之间的友情。

　　喜欢戴有发条的表的人,一般独立意识比较强。他们自给自足,很多事情都坚持自己动手。他们乐于做那些可以立刻就见到成果的工作。他们最看重的是自己所获得的成就感,但在这个过程中,他们又不希望一切都是轻而易举就获得的,这样反而没有了意义和价值。他们并不希望得到他人过多的关心和宠爱。

第13章 心理显微镜，玲珑小饰品心情大世界

喜欢戴那种没有数字的表的人，这一类型的人抽象化的理念较为强烈，他们擅长于观念的表达，而不希望什么事情都说得一清二楚。他们很在意对一个人智力的锻炼和考验，他们认为把一切都说得太明白就没有任何意义了。他们很喜欢玩益智游戏，而且他们本身就是相当聪明和有智慧的。他们对一切实际的事物似乎并不是特别在意。

喜欢戴由设计师特别为自己设计的手表的人，他们多非常在乎自己在他人心目中的形象和地位。他们时常会大肆渲染夸张一些事情，以证明和表现自己的独特，吸引他人的注意。

不戴手表的人，大多有比较独立的个性，不会轻易地被他人支配，而只喜欢做自己想做的事情。他们的随机应变能力比较强，能够及时地想出应对的策略，而且非常乐于交朋友。

戒指：浓缩的内心世界

戒指是最常见的一种手部饰物，透过它我们可以看出它主人的内心世界。

一个人戴的如果是结婚戒指，那么，这枚戒指越大越华丽，则表明这个人的自我膨胀感和表现欲望越强烈。如果戒指是紧紧地套在手指上，则表明他对人很忠诚，反之亦然。

喜欢戴刻有家族标志的戒指的人，说明他对家庭是相当重视的，而且也有表现、证明是这一家族成员的心理。

喜欢戴代表自己生辰标志的戒指的人，他们多很想让他人了解和注意自己，同时也非常想去了解他人，并且会给予他人一定的关注。

喜欢戴钻石戒指的人，他们愿以此引起他人的注意。他们常会为自己所取得的成就沾沾自喜，而且还有一点骄傲自满，常陶醉在过去的美好意境当中。

喜欢戴镶嵌有宝石戒指的人，他们大多非常在意自己外在的形象，却忽略了内在的修养，所以虽然外表看起来他们很有实力，但实质却与外表不相符。他们大多有较丰富的想象力，而行动的指导则常是这些一时的心血来潮。

乐于戴小戒指的人，多有比较丰富的想象力和突出的创造力，只是这些东西时常不适合现实生活，他们常怀着非常迫切的心情想向他人表明自己的想法。他们的生活态度相对比较积极，而且在很多时候知道该如何适当地表现自己。

钟情于手工戒指的人，他们也有较强烈的表现欲望，为了让他人认识和关注自己，他们可能会花费很大一番心思。他们喜欢标新立异，树立自己独特的风格，并且有十足的信心认为一定会获取成功。

从来不戴戒指的人，他们并不喜欢杂乱和烦扰的感觉。他们在生活中凡事总是力求自然舒适，这样他们才会感到自由，可以无拘无束地表达自己的各种思想和情绪。

帽子：欲盖弥彰的遮掩

帽子不仅具有御寒的功能，它还能起到美观和改变人的某种形象的作用。生活中充满了形式各异的帽子，出入任何一家娱乐场所或大型酒楼餐馆，都会看到衣帽间的牌子。这说明帽子对于一个人来说，有着很重要的用途，它可以帮人树立形象，使人的个性在众人面前得以展现。

一、爱戴礼帽的人

喜欢戴礼帽的人都自认为稳重而有绅士风度。他们的愿望是让人觉得他有沉稳和成熟的风格，在别人面前，他们经常表现得热爱传统，喜欢听古典音乐和欣赏芭蕾舞等，有时他们甚至站出来反对这些他们自认为是糟粕的东西,他们欣赏一个男人穿西服打领带,一个女人穿套装旗袍,不喜欢袒胸露背、穿超短裙的女人。他们所穿的皮鞋任何时候都擦得锃亮,而且穿的袜子也一定给人以厚实的感觉,即使是炎热的夏季,他们也会拒绝穿丝袜,同时他们也讨厌凉鞋和穿着拖鞋走路。由于他们看不惯很多东西,所以他们的心地很清高,有些自命不凡,认为自己是干大事的人,进入任何一个行业都应该是主管级的人物。可惜他们过分保守并且缺乏冒险精神,很难施展其才能,所干的事业也不像想象得那么顺心。在友情上,他们的朋友会觉得他们保守、呆板、不容易掏真心话,即使他们在见面时斯文有礼,也不能加深他们和朋友之间的友谊,他们和任何一个朋友之间的友谊都不能保持应有的深度。他们有时也会想到这些,并试图努力去改变,但他们天生的性格使他们难以表达自己的心思,有时反而适得其反。

二、爱戴旅游帽的人

这种帽子御寒和抵挡太阳照射的功能都比较弱,纯粹是作为装饰之用。他们用这种帽子来装扮自己,以投射某种气质或形象;或者戴上它另有企图,用来掩饰一些他们认为不理想或者有缺陷的东西。从这些他们所表现出来的特点看,他们不是一个心地诚实的人,不肯以真面目示人,是个善于投机钻营的人,但真正了解他们的人少之又少,而一般所看到的只是他们的表面。由于他们过于聪明,过度自以为是,在别人面前既唱红脸又唱白脸,以为自己做得天衣无缝,其实别人早已看出他们是个不可深交的人。因此他们真正的朋友不多,多半是与他们面和心不和的人。有时他们也能看出自己的缺点,但由于他们的本性所决定,他们无法改变这些事实。在事业上,这种人也用他们那套投机之术去钻营各种空子,有时也会收到不错的效果。当他们黔驴技穷时,就会被他们的上司和同事看穿。

三、爱戴鸭舌帽的人

一般上年纪的人才戴鸭舌帽,它显示出稳重、办事稳妥的形象。如果男人戴这类帽子，那么他们会认为自己是个客观的人，从不虚华。面对问题时，总能从大局着想，不会因为一些旁枝末节而影响整个大局。有时候他们自以为是老练的人，在与别人打交道时，就算对方胸无城府，他们还是喜欢与别人兜着圈子玩儿，即使把对方搞得晕头转向，也不直接说出他们的心思。他们之所以这么做，是因为他们是个会自我保护的人，不愿轻易让别人了解他们的内心。他们不是个攻击型的人，但是个很会保护自我的防守型的人，所以他们很少伤害别人，但也不容许别人伤害他们。他们是个很会聚财的人，相信艰苦创业才是人生的本色，多劳多得是他们的信条，他们从不相信不劳而获或少劳而获，他们认为他们所拥有的财富来之不易，所以他们很少乱花钱。

四、爱戴彩色帽的人

这种人清楚在不同的场合、不同颜色的服装应该佩戴不同色彩的帽子，说明他们是个天生会搭配且衣着入时的人。他们喜欢色彩鲜艳的东西，对时下流行的东西非常敏感，每当社会上出现新鲜玩意儿时，他们总是最先尝试的那批人。他们希望人家说他的生活过得多姿多彩，懂得享受人生，并且总是以弄潮儿的身份走在时代前列。同时，他们也是害怕寂寞的人，因为他们精力旺盛且朝气蓬勃，那颗不甘寂寞的心，总是使他们躁动不安。他们经常邀请朋友一起玩耍，到歌舞升平之地尽情玩耍。对于工作，当他们热情起来时，就像有使不完的劲。一旦工作完成时，空虚感马上袭满他们的心头。为什么他们不能使自己的精神生活变得更充盈一点呢？要知道总有一天，内在的空虚感会把他们淹没掉的。

五、爱戴圆顶毡帽的人

这纯粹是一副平常老百姓的派头，对任何事情都感兴趣，但很少表达自己的看法，即使有看法也是附和别人的论点，好像这种人没有主心骨似的。他们确实就是这种人，但他们并不是没有主张的人，他们只不过是个老好人罢了，不愿随便得罪一个人，哪怕对方是个最不起眼的人。从本质上讲，这种人是个忠实肯干的人，他们相信只有付出才有收获的道理。在他们平和的外表下，有自己执著的观点，他们相当痛恨不劳而获的人，相信君子爱财取之有道，对不义之财他们从来不让它玷污他们的手指。对于每一件事情他们都会全力以赴，投入巨大的精力和热情。对于报酬，他们只拿属于自己的那一份。他们是以德服人的。在选择朋友方面，他们表面随和，其实颇为挑剔，他们认同"道不同不相为谋"的观点，因此除非对方和他们有雷同看法和观点，否则他们是不会考虑和别人深交的。

鞋子：也会传达心声

最先发明鞋子的人一定是个了不起的英雄，因为他使整个人类免受了皮肉之苦。

人们现在真正关心的是：在选择鞋子时，应持什么样的标准。

那么，你知道人们选择的鞋子与其性格之间，有什么样的关系吗？

一、名牌跑鞋

这种人对名牌跑鞋的看法是：它们能使他年轻、健康、充满活力，然而他们更渴望这种形象的释放。

从某方面讲，这种人是缺乏耐性的人，凡事只讲求速度不讲求质量。

显然，工作上的失误来自其自身急躁的个性。这种人知道这是缺点，他们亦知道这是先天的遗传带来的，改变这点是很难的。

这种人的知识领域很广阔，情趣也多种多样，但他们就是不肯对某个事情作出深入浅出的了解。他们的为人也颇受别人的欢迎，算得上是朋友满天下。

二、懒式鞋

这种人比较怕麻烦，或者他们生性本来就懒惰，尽量将生活中的事情简单化。

如果要这种人去参加某个聚会，而他得知必须穿上西装，而且还得打上一条领带的话，那么他们肯定会装病而放弃这种邀请。因为这种人宁可穿上短裤和背心去街头吃一份简单的快餐。

在找伴侣方面，这种人也是持同样的态度：如果双方谈得来，就不妨建立一定的关系，否则不要浪费时间。他们绝对不肯拿束鲜花在雨中苦苦等候对方要求答应他们的约会，他们会自认为这是不明智的做法。像他们这样的聪明人是不会干这样的"蠢事"的。

当然，对自己喜欢的事情，这种人会以一定的热情去投入的。但总的来说，他们是性情懒散的人，对自己不喜欢的事情，他们会敷衍了事。

三、高跟鞋

明知高跟鞋对自己的脊椎、腿部肌肉、韧带会造成不同的损伤，但为了使自己的身材看来显得更高挑，步姿更加婀娜动人，所以越是艰险越向前。

单从这点来看，就知道这种人爱慕虚荣。这种人对名和利的态度是：两者皆可得兼，但她们更喜欢追求那种高高在上受到万众瞩目的地位。

为了追求名利，这种人会利用有限的空间和错综复杂的关系网，然后把脑袋削尖，寻找最佳的机会，达到自己梦寐以求的目的。

四、系带皮鞋

这种人是个做事细心不怕麻烦的人。他们处理每一件事情都有既定的程序和规则，不允许被人随便打乱，或者半途而废。也就是说，他们是有始有终的人，如果要他们忽然作出某种转变，是很困难的事情。

他们也是个脾性温和的人，喜欢关心人，在力所能及的范围内，他们会给予别人恰当的照顾，别人也信任他们，愿和他们待在一起，因为他们会从这种人身上得到一定程度的安全感。

与这种人接触的人，在印象中都会觉得他们是稳重可靠的人，他们在工作上因业务驾轻就熟，成为众人咨询的对象，上司也会对他们相当器重。

这种人的为人和处世，使自己经常需要肩负很重的压力，所以他们经常会感到疲惫。但是，他们喜欢这种感觉并且常常乐此不疲。

五、凉鞋

这种人是脚踏实地、思想开放的人，受过良好教育。而且还可以看出，他们对一切矫揉造作的人，有种特别的厌憎感。

这种人是那种不注重形式，只着重内在的人，而且，他们不爱慕虚荣，对争名夺利的游戏毫无兴趣，他们对金钱的看法是：其作用只不过是换取安逸生活的工具。

这种人是崇尚大自然，喜欢欣赏和追求美好事物的人。

在爱情方面，这种人崇尚浪漫，对爱情有着梦幻般的激情。但他们亦是个肯对感情负责的人，所以，他们喜欢浪漫、有激情，但绝不随便玩弄感情。因为他们希望自己的理想对象必须和自己一样，在生活上不虚华，在感情上认真负责。

六、皮靴

不论是一年四季的哪一天，或是出入任何一个场所，也不论天气如何变化，这种人一般喜欢穿着一双大头皮靴。

这种人的形象给人的感觉是，像一个职业杀手，或是一名刚从战场上回来的士兵。

所以，这种人的形象告诉别人：他们虽没有害人之心，但肯定有防人之术。而且，这种人是有先见之明的人，当他们看出某种苗头不对时，会提前采取防范措施，所以，他们是个能够逢凶化吉的人。

在家里，这种人通常是一家之主，而且，不允许权威有丝毫的侵犯。否则，他们会采取强硬立场，惩罚藐视权力的人。

在工作中，这种人亦是个强硬派，所以别人觉得很难与这种人相处，因为他们颐指气使的态度实在让人难以忍受。因而他们所受到的指责，也比他脚下的大头皮靴沉重得多。

七、香槟鞋

听到这个名词，就会想到美味绝伦的香槟酒，它们是那种轻巧、华丽的漆皮皮鞋，它们的鞋尖与鞋跟是白色，而中间是黑色，这是一种色彩对比相当强烈的皮鞋，但极脆弱。

喜欢这种皮鞋的人，都喜欢装饰自己，每天，他们会花上一两个钟头打扮自己，这种人对每一个细节都不会放过。

这种人非常留心服装的潮流，喜欢参加服装展览会和时装观摩会，但他们不一定是盲目地追求时尚，他们的打扮基本上属传统中带新潮的感觉。

这种人的表面给人以洒脱，但私生活上并不随意，他们只是喜欢人家觉得自己风流倜傥。

这种人只关心自己，而其他友情、工作只是他生活的点缀品，是可有可无的东西。

这种人也会介意别人怎样看自己，他们亦会摆明态度不欢迎别人的批评，因为自以为是的这种人，是不会相信自己会犯下什么错误的。

领带：打出男人的个性

作为一个职员或公司、单位的主管，你是不是经常西装革履？

可能公司或单位并没有强迫你打领带，但你觉得这对自己很重要，而且你也喜欢上了领带，它能使自己的形象有一些变化和不同。

领带已经成为我们生活中穿着打扮不可或缺的部分，每个男人对领带的挑选都有不同的一番情趣，希望自己身上衣着的搭配能向外界展示自己良好的形象。

一、喜欢素色领带的人

这种人给人一种平易近人的形象，这也是他们处世的原则，是给他们带来运气的护身符。

这种人通常比较重感情。重感情的人常以仁爱之心待人，自然与同事和下属有着良好的关系。

这种人当领导会是一个好领导。他们不仅自己行事无可挑剔，在众员工心中，他们还是一个宽厚的长者。他们几乎不会乱发脾气、指责部下，而是循循善诱。即便部下犯了错误，他们也是温和地批评，或巧妙地提醒对方。所以，他们得人心、服众望，做起领导工作来也不怎么费力气，这种人是通过好性格铸成一番事业的。

二、喜欢打名贵领带的人

这种人为了树立自己的良好形象，是不惜花费工本的。他们希望自己能穿着得体，以一种不凡的姿态出现在自己的桥头阵地，而且常常如愿以偿。

这种人的表现给人精干的感觉，他们行事比较顺利，因为性格也比较平顺，不是古里古怪的人，所以很容易成功。这种人在公司或企业里不会熬到头才当一个官，而是进公司不久，就有可能当一个部门的头。因他们平顺的性格，光鲜的外表，给人印象很好，不仅顶头上司喜欢，同事们也喜欢。

三、打皱巴巴领带的人

这种人很容易被他人视作一个平庸者，既不注重自己的外表，也不太关心他人。

这种人看上去有些慵懒，眼睛的神光能够反映出一个人的精力、斗志、热情、聪明才智等。

四、喜欢色彩鲜艳领带的人

一看见新鲜的东西，手就会情不自禁伸向自己的钱包，这种人对新鲜的事物总是容易热血沸腾。

赶时髦是他们的爱好之一，为了追求新意，他们很少在乎自己有多大的家当。

五、喜欢打碎花领带的人

这是比较节制的一种打扮，非常有分寸，这类型的人通常知道自己处理事情的时候该从何处入手，而且性格比较稳健。他们几乎不会因为感情上的波动，而影响自己的工作。这种人相当适合经商。

这类型的人的决断力比较强。决断力强的人承担风险的能力也极强，因为每一次决断，要么是大赢，要么就是大输，需要一定的承担能力，这种人嘴唇紧闭，心中有数，赢进不会大喜，输出也不会大悲。因为他们的心胸能承受自己决断所带来的结果。

这种人从事股票业或当公司主管类的工作比较适合，因这个行业往往需要有决断力的人来做决策。

六、喜欢打领结的人

这种类型的人给人以严谨的印象，很容易让人想起英国的绅士。平日打领结的人不多，除非在某个晚会上才有机会见到这些打领结者。

他们之所以爱好领结，是因为他们希望自己能投射出一种稳重的形象，即善于理财的人。

这种人对钱看得很重，是精打细算的顶尖高手。他们从事股票、证券业赢的可能性会比较大。

七、不打领带的人

像这类穿着随意，不修边幅的人，是属于极有个性的人，他不喜欢用华丽的衣饰来装扮自己，只是喜欢做自己该做的事，而且对任何事情都有自己独特的见解，对事物的内在充满好奇，这是一个艺术家所具备的性格。

这种人有卓越的创造力，而真正的艺术家关键就是他们有没有创造力。

手套：套出内心的愿望

寒冷的冬天，我们都希望戴着一双暖和的手套外出。可是你想到了吗，手套的选购也反映出你的内心秘密。

面对市场上花样繁多的手套时，你会选择什么款式和颜色的手套呢？

当你确定自己所需要的手套并掏出自己的钱夹时，你的选择已反映了自己的内心愿望，从而也表明了你在别人面前所展示的何种形象。

一、白色手套

无论这种人的穿着是何种颜色，他们都喜欢戴白色的手套，为什么呢？

很可能这种人，是想标榜自己是个清高、纯洁的人。

任何一种过度的自我标榜都有欲盖弥彰的嫌疑，也就是说，这种人的所作所为可能并不像他们所戴的手套一样洁白无瑕。

与人相处时，在彼此的言谈之间，这种人的表现总是显得很开朗，好像自己是个心无藏物之人，而实际上呢，他们所讲的话中，水分很重。

这就意味着他们喜欢夸大本身的成就，比如明明是租房或分期付款买房，硬是一口咬定说成是买下的，月薪不过三四位数，却说成五六位数，银行存款没有上千元，甚至出现赤字，却经常告诉别人自己花了大笔钱去出国旅游。

在工作和事业上，这种人往往也是采取急功近利的态度，他们是个想少付出多收获的人，甚至是少劳而获的人，属于专爱摘胜利果实之徒。

他们即使做了一点点事，也想马上得到回报，总是希望投之以李报之以桃。因此，这种人没有耐心勤勤恳恳地去等待上级的赏识，只会寄希望于走别的途径。在他们的一生中，注定要多次跳槽。

在追求异性上也与他们的个性一样，刚开始时，这种人会怀着极大的热情，进行大规模的密集轰炸，每天不断地送鲜花、送礼品、邀请对方去咖啡厅或酒吧。在大献殷勤之后，一旦得手或者对方无动于衷，他们就会立刻放慢手脚，不再去投放更大的精力了。因为他们没有耐性和恒心去建立更有深度的关系。

二、黑色手套

黑色是沉静和神秘的。

在众多颜色的挑选中，唯独选择黑色手套的人，一般说明这种人是个稳健持重的人，不轻易表明自己的意见，他们在考虑事情时总爱往消极的方面想。

无论是在工作还是人际关系方面，这种人稳重的作风都会受到别人的称赞。但他们意识不到，在这个崇尚个性和自我表现的社会里，自己的存在很容易被忽略。

也就是说，他们那亘古不变的个性，一方面是稳重靠得住的，另一方面也是个略微顽固不化的套中人。这种人不是个寻欢作乐的人，歌舞升平之地根本不会有他们的踪影，他们也不是个追赶时尚的人，只有在最沉闷的会议室里，才会见到这种人的影子。

三、色彩鲜艳的手套

喜欢色调明快的人一般来说都是年轻人，当然也要因人而异。喜欢这种颜色的人，他们的性格特征也是相当突出的。

总的来说，这种人为人豁达大度，对任何事情都是持乐观态度，很少优柔寡断，他们在遇到问题时，会从不同的角度去看待，从而解放自己，使自己不受拘泥，他们也不去钻牛角尖，不把自己赶入死胡同。

即使在遇到挫折时，他们也会往好的方面想，认为这个世界多姿多彩，值得欣赏的东西太多了，况且条条大路通罗马，又何必为了眼前的挫折而使自己愁眉不展呢。

所有和这种人相识的人，都会欣赏他们乐观豁达的态度，也会相信他们是个乐于助人的人，在他们苦闷有心事的时候，都会来找他们并希望他们能为其解闷开怀。

当然也有人对这种人的行为不以为然，认为他们对待人生太轻率了，把任何事情都想象得过于简单。因此，在工作中，他们的上司并不轻易委他们以重任，不过这种人不会为这种事情而去斤斤计较，他们的性格总是能使自己泰然处之。

四、棉质手套

如果某个人喜欢这类手套，那么他可能是个朴质无华、脚踏实地的人。如果能在街边大排档吃到美味可口的食物，那么这种人是不会以数倍的价钱进酒楼或餐厅的。

在工作中，这种人不会刻意表现自己，但也不容许上司或别的人忽视自己对公司的贡献。只要他们认为自己的劳动和公司赋予自己的酬劳是相当的，那么他们会一直在公司待下去。

这种人对待家庭和配偶的态度与他们的个性也是相一致的，他们的一切言行举止从不违背原则，他们同样非常关心家人和朋友。所以，他们的家人和朋友都非常信任他们，认为他们勤奋刻苦，对待友情忠心不二，是能够同甘共苦的好伙伴。

有时他们的家人会因他们安于现状而责备他们，或者因他们缺乏野心而颇有微词，但他们依然我行我素，始终认为知足常乐才是人生真谛，强迫自己往上爬会得不偿失。

五、丝质手套

这种人喜欢质地轻巧的手套，很可能说明他们觉得自己是个会享受人生的人，他们往往注重生活中的每一个细节。

他们热情奔放、追求物质、崇尚虚荣，所以他们的整个生活都浸淫在各种名牌中，衣、食、住、行，全是使用名牌货，甚至他们希望自己所接触的人也具有一定的知名度。

当这种人的朋友指责他们爱慕虚荣，太过于势利，他们对此倒也供认不讳，他们觉得人分三六九等，每个人都有自己的位置，他们认为自己生来就是该享受、有地位的人。

这也会波及他们对事业的诉求，这种人特别注重自己的职位是否在工作中起到举足轻重的作用。就因为他们太追求地位了，以至于他们对工作的热情程度不高，至于能否对社会作贡献，他们觉得并不重要，也不愿意去关心它。

六、绘有图案花纹的手套

如果这种人是成年人，那他们还是个童心未泯、常常以游戏人间为乐事的人物，从某方面说他们是"老"顽童也不过分。他们对周围的人也是一副乐呵呵的样子，不会对任何人构成威胁。

他们如果是从事艺术创作行业的人，肯定会取得一定的成就的，因为他们的想象总是奇特的。而他们那童真似的脸上印满了对新奇世界的渴望和憧憬，因此，他们是个有着丰富想象力的人。

这种人懂得如何去关心人，但在很多时候这种人更需要别人的关心和帮助。他们是心地善良有同情心的人，但他们的个性并不软弱，他们最讨厌别人对自己凶狠的模样，总是能摆出一副吃软不吃硬的样子。

七、不戴手套

即使是最寒冷的天气，出门办事时也不喜欢戴手套的人，显然是个有意志力的人，能够经受常人不能承受的压力与考验。

这种人也是这样认为他们自己的，他们觉得自己是办大事的人，所以无论他们做任何事时，都保持应有的冷静，这也是他们的人生哲学。

他们从不依附于人，坚持自己独立办事的本色。

他们靠自己坚强的性格赢得别人的尊重，无论在任何困难面前，这种人都不希望自己受到情绪的影响，他们一直坚持培养这种坚忍不拔的性格，相信"天降大任于斯人，必先苦其心志，劳其筋骨，饿其体肤"，所以他们有意让自己直面困难，最终战胜困难，他们处事也是不偏不倚的。

在爱情方面，由于这种人的性格所决定，他们可能不是异性追逐的热点目标，因为别人觉得他们太过冷漠，很难亲近。但他们是事业型的人，一旦他们取得成功，别人就会对他们另眼相看。这时他们也会同样获得不少异性的青睐。

这种人是个衣着严谨不外露的人，他们的朋友不多，但都非常相信他们，他们也珍惜这份友情；只要朋友有难，他们会毫不迟疑地伸出自己的援助之手。

眼镜：心灵窗外的美景

一般戴眼镜的人会给人一种儒雅的印象。事实上，在人与人的交往中，还可以通过对方的眼镜捕捉到一系列的身体语言信号。通过这些身体语言信号，就能了解到对方的心理状态和所持有的某种情绪或态度。

下面这种情形也许你曾遇到：

假如你去求助一位戴眼镜的专家解答一个疑难问题时，如果他当时回答不出来，那么，他很可能会摘下眼镜，一手拿着眼镜，一手接过你的问题，故作思考。如果他仍然给不出答案，那么，他可能还会将一只眼镜腿放在嘴边，或皱起眉头，或仰起头，好像这样他就可以想出答案。

其实，这是一个人心里紧张的表现，而且也是一种拖延时间的下意识动作。在讨论会上，当一个人被迫作出决定时，这种现象也会发生，这是为了争取更多的考虑时间，拖延开口时间的一种努力。但是，如果当事人将眼镜摘下，并且将眼镜放在眼镜盒里，然后用力将眼镜盒推到一边的话，这就暗示了他的另一种意思——将不再发言。

心理学家对戴眼镜的人的观察表明，这些人有一系列的特殊表现行为。这些行为不同程度地表现了他们独特的态度和心理。

戴眼镜的人在讲话的时候，不少人都有将眼镜反复戴上、摘下把玩的习惯，有人甚至还有将一只眼镜腿放在嘴边或嘴里的习惯。事实证明，这是一种下意识行为。将眼镜腿放在嘴边基本上是一种消除疑虑、慎重思考或拖延讲话时间的一种身体语言。那些不戴眼镜的人还会用钢笔、手指、香烟之类的东西取而代之。在平时做练习或考试时，特别是在遇到难题时，不难发现学生们经常会把手指或笔放在嘴边、嘴里，或用手指擦鼻子，或用手指抵着下巴。

戴远视镜的人的另一种行为就是"镜口窥人"。对于这一行为人们并不陌生，这是许多老年戴眼镜者的一种习惯动作。这种动作的目的虽然是为了避免将眼镜戴上摘下的麻烦。但是，对于被窥者来说，常会产生一种被打量、被评价的感觉。专家认为，"镜口窥人"容易使对方产生一种不平等的感觉，其效果犹如门缝看人。因此，许多戴远视镜上课的老师们，应尽可能地减少此类情况的发生，避免学生们误会。

此外，摘戴眼镜的动作有时也会在教学课堂上产生特殊的效果。老师在讲话时将眼镜摘下，而听学生讲话时再戴上，这不仅能给学生一种平易近人的感觉，而且还使老师在讲课时把握住控制权。因为，当老师摘下眼镜时，学生一般不会抢他的话头，而当他将眼镜戴上的时候，学生就得到了可以开口说话的信号了。

有些人认为戴墨镜的人大都表现出"高傲"、"严肃"、"难以接近"的意味。其实，这些感觉主要源于眼镜的本身，因为墨镜能将人的眼睛掩藏起来，使人无法观察他眼神的变化，所以觉得难以接近。因此，戴墨镜者在同他人交谈时，应主动摘下墨镜，否则有碍于社会交往。

手机：心灵交汇的驿站

一、简单、方便的普通机型

个性分析：他们易于交往，因此可以结交很多朋友，朋友也给他们创造了更多的人生机遇。但是，他们也容易从众，往往不知道自己真正需要什么，经常迷失在朋友的意见里。

感情分析：他们原则性不强，分不清自己的所爱，虽然他们也力求做一个有原则的人，但常常让自己处于矛盾之中，放弃了原来的看法，因此表现为对人忽冷忽热，意志不够坚定。因为欠缺感情分析能力，所以他们只有在朋友和家人的支持下，才能顺利恋爱。

二、外形极酷的金属机型

个性分析：喜欢使用这种机型的人大多生活适应能力强，随时随地都能掌握人生机会。但如果他们没有坚强的意志，很容易让自己半途而废。他们虽然看起来合群，那是因为懂得隐藏自己，实质上，他们个性独特，不容易让别人了解——自己内心很孤僻，像金属包裹的手机一样，他们的内心也被精钢包裹着。

情感分析：他们可以轻易地交朋友，却不是一个容易谈恋爱的人。他们喜欢隐藏自己，很难让别人走进内心世界。因此他们的感情是孤独的，除非他们遇见一个真心喜欢的人，引起他们热情的追求，而对方刚好也很喜欢他们，才有恋爱的机会。如果他们没有遇到合适的伴侣，宁愿孤独地生活。

三、可换彩壳的流行机型

个性分析：他们心目中最理想的生活就是放荡不羁、轻松自在的人生。虽然他们为人善良、真诚、爽快，喜欢赞美别人，包容别人的短处，使很多朋友愿意亲近他们，但是，因为他们过于浅显的心思，往往使他们缺乏吸引力。

感情分析：他们从小到大有过不少恋爱的机会，却都无法长久，往往难以深入发展，因为他们很多时候不知道别人需要什么，也不关心别人需要什么，只顾自我投入，虽然付出很多，但很难打动别人。

四、能防水防震的运动机型

个性分析：因为性格开朗、热爱运动，所以他们天生看起来阳光味十足。他们人缘不错，身边经常围着许多同性或异性的朋友，不过不属于交友过滥那种。

感情分析：运动机型最大的特点就是经久耐用，因此，虽然他们看起来可能有点不专一，但是内心向往的仍是那种天长地久的恋情。如果真正遇到值得他们去争取和守候的感情，他们所表现出来的执著也是让人吃惊的。

五、对机型没有特别要求

个性分析：这种人是个工作至上的人，在他们看来只有工作时，才感到自己生活着。因此，只有愉快的工作才能让他们有愉快的生活。一旦失去了工作，或者没有喜欢的工作，他们就开始质疑自己的价值。他们最大的优点在于敬业，但过分地敬业也让他们活得并不轻松。

情感分析：恋爱方面，他们是个被动型的人，如果没有足够的热量擦亮他们爱情的火花，恐怕他们还以为自己是个不注重爱情生活的人。虽然经常淡化爱情，但他们不是个没有责任感的人，对家庭与事业，他们都非常看重。在他们的观念里，浪漫的爱情只是生命的点缀，平衡家庭与事业的关系才是生命的基石。

第14章
蛛丝马迹的真相，日常行为中隐藏的秘密

生存状况为阐释人类的行为提供了良好的实验机会。一个人在某一段时间内可能会同时发生许多动作，亦可能一个接一个地发生。比如：手臂交缠、脚踝交叠以及握起拳头等一连串动作。我们可以将自己尽可能置身于被观察者的立场，去体会对方的一举一动。

假动作需要留意观察

假动作多见于说谎者。在求人者与被求者面对面时，被求者有时为了表示拒绝，可能编个谎话来搪塞。当然，求人者并不知道他在说谎，除非谎言当场被揭穿。然而这种情况很少见，大多数人是在事后才知道。而在当时被求者是毫无防备的，也许说谎者惯于此道，让人信以为真，但是总有一些动作或手势显现出他刚才说了谎话，只是求人者没有留意观察而已。

通常的假动作有以下几种。

一、掩嘴巴

这是一种明显未成熟、还带孩子气的动作。用拇指触在面颊上，将手遮住嘴的部位称作掩嘴巴。也许说谎者大脑潜意识中并不想说那些骗人的话，而导致了掩嘴这一动作。

也有人假装咳嗽来掩饰其捂嘴的动作，分散自己的注意力。如果一个同你谈话的人常伴有掩嘴的手势，也许他正在说谎话。可当你讲话时，听者掩着嘴，也许说明听者觉得你的话令他不满意。有时，这种掩嘴的动作可能会出现不同的形式：用指尖轻轻触摸一下嘴唇，或将手握成拳状，将嘴遮住。

二、摸鼻子

有时，当一个人说谎后，会有一种愧疚感进入大脑，于是大脑会下意识地指示手指去捂嘴，但是，到了最后的关头，又害怕别人看出他在说谎，因此，只是很快地在鼻子上摸一下，马上就把手放下来。当一个人不是在说谎，那么，他触摸鼻子时，一般要用手在鼻子上摩擦一会儿，或搔抓一下，而不是仅仅轻轻触摸一下。

三、擦眼睛

有些人在说谎时，会去擦眼睛以避免与人的目光接触。对于男人来讲，擦眼睛较用力，如果是说大谎时，他会转移视线，如用眼睛看着地板。而对于女人来讲，擦眼睛都是在眼的下方轻轻地揉。这样做一是为了避免动作粗鲁，二是怕弄坏了自己的妆容。为了避开对方注视，她们常常眼看天花板。

四、拉衣领

有时，当一个人说谎时，会引起敏感的面部和颈部组织的刺痛感，因而就必须用手来揉或搔抓。说谎的人感到对方怀疑他时，脖子似乎都会冒汗，这时他会下意识地拉一拉衣领。

五、搓耳朵

有时，这种手势暗示着听者没有听出谎言。搓耳朵的变化形式还包括拉耳朵，这种手势是小孩子双手掩耳动作在成人动作中的一种重现。搓耳朵的说谎者还会用手拉耳垂或整个耳朵朝前弯曲在耳孔上，对于听者来说，后一种手势也是表示厌烦的标志。

六、挠脖子

有时，说谎者讲话时用写字的那只手的食指挠耳垂下方部位。有趣的是这种手势要挠上五次左右。

一个说谎者，除了以上几种表现外，还可能有其他一些表现，例如，平时沉默寡言，突然变得侃侃而谈；不自觉地流露出惊慌的神态，但仍故作镇定；言辞模棱两可，音调较高，似是而非；答非所问，或夸大其词；故意闪烁其词，口误较多；对你所怀疑的问题，过多地一味辩解，并装出很诚实的样子；精神恍惚不定，座位距你较远，目光与你接触较少，强作笑脸；对于你的讲话，点头同意的次数较少，等等。辨认对方的假动作是一项非常重要的技巧，领导者掌握这一技巧，有助于提高管理效率。

下意识动作会"出卖"一个人

一个人的所思所想和性格特征都能在举手投足、点头微笑中暴露无遗，经验丰富的识人高手从一举一动中就能识别人心。下面这些下意识的动作是读心高手长期观察的识人成果。

一、手插裤兜者

双脚自然站立，双手插在裤兜里，时不时抽出来又插进去，这种人的性格比较谨小慎微，凡事三思而后行。在工作中他们最缺乏灵活性，往往用呆办法来解决很多问题。他们对突如其来的失败或打击心理承受能力较差，在逆境中更多的是垂头丧气、怨天尤人。

二、双手后背者

两脚并拢或自然站立，双手背在背后，这种人大多在感情上比较急躁，但他与人交往时，关系处得比较融洽，其中可能较大的原因是他们很少对别人说"不"。当过兵的人对双手后背这种习惯动作很熟悉。尽管部队规定在正式场合不许袖手和背手，但还是可以看到在非正式场合一群新兵聊天的时候，突然老兵班长来了，他往往就是背握着手，昂起下巴，在新兵中走来走去。把老班长这种动作换成语言来表示，就等于他在说："我是老兵，我是班长，你们得听我的。"这是相当自信的姿势。

三、经常摇头或点头者

经常"摇头"或"点头"以表示自己对某件事情看法的肯定或否定。他们在社交场合很会表现自己，却时常遭到别人的厌恶，引起别人的不愉快。但是，经常摇头或点头的人，自我意识强烈，工作积极，看准了一件事情就会努力去做，不达目的誓不罢休。

四、吐烟圈者

这种人突出的特点是与别人谈话时,总是目不转睛地看着对方,支配欲望强,不喜欢受约束,为人比较慷慨,哥们儿义气重,因此他们周围总是包围着一群相干和不相干的人。吐烟圈还能看出此人对某个状况是积极的还是消极的态度,那就是看他把烟圈是朝上吐还是朝下吐。一个积极、自信的人多半会把烟向上吐。相反,消极、多疑的人多半会朝下吐烟。若是朝下吐,而且是由嘴角吐烟时,表示出此人非常消极或诡秘的态度。

五、拍打头部者

拍打头部这个动作多数时候的意义是表示对某件事情突然有了新的认识,如果说刚才还陷入困境,现在则走出了迷雾,找到了处理事情的办法。拍打的部位如果是后脑勺,表明这种人敬业,拍打脑部只是为了放松一下自己。时常拍打前额的人是个直肠子,有什么说什么,不怕得罪人。

六、拍打掌心者

与人谈话时,只要他动嘴,一定会有一个手部动作,比如相互拍打掌心、摊开双手、摆动手指等,表示对他们说话内容的强调。这种人做事果断、雷厉风行、自信心强,习惯于把自己在任何场合都塑造成"领袖"人物,性格大都属于外向型,很有一种男子汉的气派。

七、言行不一者

当你给某人递烟或其他食物时,他嘴里说"不用"、"不要",但手却伸过来接了,显得很客气的样子。这种人比较聪明,爱好广泛,处事圆滑、老练,不轻易得罪别人。

八、触摸头发者

这种人个性突出,性格鲜明,爱憎分明,尤其疾恶如仇。他们经常做一些冒险的事情,喜欢挤眉弄眼,爱拿别人当调侃对象。这种人当中有的缺乏内涵修养,但他们特别会处理人际关系,处事大方并善于捕捉机会。

第14章 蛛丝马迹的真相，日常行为中隐藏的秘密

九、抖动腿脚者

喜欢用腿或脚尖使整个腿部颤动，有时候还用脚尖磕打脚尖或者以脚掌拍打地面，这种人很能自我欣赏，性格较保守，很少考虑别人。然而当朋友有困难时，他们会经常给朋友提出一些意想不到的好建议。

十、手摸颈后者

当一个人习惯用手摸颈后时，是出现了恼恨或懊悔等负面情绪。这个姿势称为"防卫式的攻击姿态"，在遇到危险时，人们常常不由自主地用手护住脑后。但在防卫式的攻击姿势中，他们的防卫是伪装，所以手没有放到脑后，而是放到了颈后。有些女人伸手向后，撩起头发，来掩饰自己的恼恨情绪，并装作毫不在意的样子。

十一、摊开双手者

大部分的人要表示真诚与公开的一个姿势，便是摊开双手。意大利人毫无约束地使用这种姿势，当他们受挫时，便将摊开的手放在胸前，作出"你要我怎么办"的姿态，一副无可奈何的样子。摊开双手，有时耸肩的姿态也会随着张手和手掌朝上而来。演员常常用到这个姿势，他们不只是表现情绪，即使没有台词，也能显示出这个角色的开放个性。

十二、解开外衣纽扣者

这种人的内心真诚友善，他在陌生人面前表达这种思想时，最直接的动作便是解开外衣的纽扣，甚至脱掉外衣。如果在一个商业谈判会议上，当谈判对手开始脱掉外套，另一方便可以知道双方正在谈论的协定有达成的可能；不管气温多么高，当一个商人觉得问题尚未解决，或尚未达成协议时，他是不会脱掉外套的。而那些一会儿解开纽扣，一会儿又系上纽扣的人，做人较优柔寡断，意志不坚定，犹豫不决。

十三、拍案击节者

这有两种情形：一种情形是，谈话时，一个人以手在桌上叩击出单调的

节奏，或者用笔杆敲打桌面，同时脚跟在地板上打拍子，或抖动脚，或用脚尖轻拍，这种节奏并不中途停止，而是不断地嗒嗒作响，这些都是在告诉你他已经对你所讲的话感到厌烦了；另外一种情形是，一个人在看书、读报、看电视，尤其是看球赛之类突然拍案击节，表示他对故事情节或运动员的某个动作表示赞赏。这种人性格乐观，对烦恼不记挂于心。

十四、双手叉腰者

这种人希望在最短的时间内经过最短的距离达到自己的目标，他们突然爆发的精力常是在计划下一步决定性的行动时，看似沉寂的一段时间内所产生的。这个姿势，就像他们用 V 字代表胜利的符号一样，成为他们的特征。不飞则已，一飞冲天；不鸣则已，一鸣惊人，就是这个意思。

购物方式反映人的生活态度

去商场、超市购物是我们每个人都经常有的一种行为。付出一定的金钱就可以得到自己想要的商品，这是一种交易。虽然都是在作同样的交易，但不同的人却有不同的方式。

一、从购物方式上看

请别人代自己购物的人，多是时间安排得非常紧，工作和学习非常繁忙的人。在他们看来，购物这算不上一件什么大事，不值得自己抽出宝贵的时间亲力亲为。他们在为人处世等各个方面多是比较传统的，会尽量使大家对自己满意。

在商品打折时选购物品的人，他们多比较实际，懂得精打细算，甚至有点唯利是图。他们固执，遇事虽然会与他人协商，但最后却会顽强地坚持自己的观点不放。他们会很满足于凭借自己所占优势，使他人在无可奈何的情况下不得不放弃的感受。

看目录购物的人，大多组织性、原则性强，凡事都喜欢按照一定的规律和计划完成，否则的话他们可能会感到手足无措。这一类人比较健忘，所以需要不断地有人提醒他们——在什么时间该去做什么事情。他们的随机应变能力并不强，严重的偶发事件会让他们无法接受。

全家人一同出外购物，这一类型的人多有较传统和保守的价值观，家庭在他们的心目中的地位是无可替代的，他们对家庭有着强烈的责任感和深深的依恋。家庭很可能是他们一切行为的最基本出发点，家庭直接影响着他们行为处世的习惯，而他们的家庭也是非常和睦的。在他人看来，他们整天围着家庭转，生活似乎太乏味了，但他们自己却很满足于目前的这一种生活。他们感觉较有安全感，他们的生活态度是非常实在的，选购的物品多是既经济又实惠的。

需要的时候没有，不需要了以后反倒去购买，这一类型的人似乎在任何一方面行动都要比别人慢一拍，但他们并不为此而恼火。他们的表现欲望很强，希望自己能够引起他人的注意，所以时常会故意耍一些小伎俩。

花一整天时间用来购物，这一类型的人多比较开朗和乐观，他们常常没有理由地就会感觉心情不错。他们较有耐性，总是能够找到很多理由和借口安慰自己，使自己坚持到最后。他们有勃勃的野心，常常会为自己设定许多远大的理想和目标，并且在实现过程中态度也相当积极，可是他们的那些理想和目标，从某种程度上来说并不现实，所以到最后多半梦想无法成真。但在这个过程中，他们所做的事情还是有一些收获的。

二、从付款方式上看

采用什么样的付款方式，这在很大程度上和处理生活中其他的琐事有相似之处，从中也可以观察出一个人的性格。

喜欢亲自付款的人，他们大多比较传统和保守，对新鲜事物的接受能力比较差，且偏重于循规蹈矩，信赖一些成熟的东西，缺乏冒险精神。他们有时缺乏安全感，有自卑心理，但又极希望获得他人的支持和帮助。

能拖多久就拖多久，这一类型的人多有占便宜的心理，比较自私，缺乏公平的观念，总是想着自己少付出或是不付出就得到尽可能多的回报。他们在一般情况下不会轻易地去关心和帮助别人，对人虽不算太冷淡，但也算不上热情。

把付款的任务推给别人，这一类型的人常无法坚持自己的原则和立场。而习惯于服从和听命于他人，被他人领导。他们的责任心并不强，常会找理由和借口为自己进行开脱，在挫折和困难面前，会胆怯、退缩。

收到账单以后就立即付款的人，多是很有魄力的，凡事说到做到，拿得起放得下，当机立断，从来不拖泥带水。他们的个性独立，为人真诚坦率，无论哪一方面，从来不希望自己欠他人的，倒是可以容忍他人欠自己的。

使用电话或信用卡付费服务的人，对新鲜事物容易接受，并懂得利用它们为自己服务，但由于对某些东西的依赖性太强，常常会使他们丧失一些自我的主动权，而受控于人。除此以外，他们对人是有很强的信任感的。

从挤牙膏和刷牙动作观察对方

我们每天都会刷牙，不同刷牙姿势的人在性格上也有细微的差别，下面对此进行一些简单的介绍。

一、从挤牙膏方式看

挤牙膏有一定的学问。心理学家发现，通过挤牙膏也可以观察出一个人的性格。

有的人把牙膏盖弄得不知去向，这种人的行为并不是我们通常所认为的——

第14章 蛛丝马迹的真相，日常行为中隐藏的秘密

这个人太粗心大意了。相反，这表明了这种人有很强的进取心，还有一定的胆识和魄力。在面临比较重大的事情时，一般不会临阵退缩，做逃兵。

有的人使用牙膏时非常谨慎。在通常情况下，他们会轻轻地挤压。这样的人的感情多比较丰富和细腻，温柔随和，比较浪漫，不轻易发怒，能体谅和宽容别人。但作为长辈，多会对小辈表现得过分溺爱。

有的人在使用牙膏时一次会挤出很多很多，这样的人通常大手大脚，在各方面一点也不懂得节俭。

有的人在使用牙膏的时候特别节省，这样的人在生活中知道节俭，但有些保守，中规中矩，显得死板，缺乏生机。除此以外，这种人多比较理智，不会有过激行为。

有的人把牙膏用到连牙膏管都卷起来了，这样的人多是具有勤俭的美德的，轻易不肯浪费任何东西，一旦浪费了，心里就会感到特别不舒服。这样的人在生活中多是踏实、勤奋的。

有的人在刷牙的时候习惯于从牙膏管中间挤牙膏，这样的人追求快速准确地达到目的。眼光大多不太长远，他们对现在的关注程度要远远超过未来，可以算得上是一个及时行乐者。

二、从刷牙方式上看

有的人在刷牙的时候采取的是上下刷的方式，这样的人一般自主意识比较强，不喜欢受他人的限制和约束。生活的态度比较积极，即使遇到一些挫折和磨难，也能够以一种相对比较乐观的态度去面对，所以在他人看来，这样的人是能够给别人带来欢乐的，并且是值得依赖的。所以他们通常能够营造出比较和谐的人际关系。

有的人在刷牙的时候采取的是左右刷的方式。这样的刷牙方式一般来说是不太正确的，但既然已经形成了习惯，可能也就感觉不出错误来了。这种人身体里多是潜伏着不安分子的，他们非常叛逆，但缺乏宽容心和忍耐力，

经常会因一些小事而和别人闹得很不愉快。所以，这样的人若不多加注意的话将很难营造出相对良好的人际关系。

有的人只是在早晨起来的时候才刷牙，这样的人一般来说是相对比较注意自己在他人眼中的形象的，同时他们也在朝着把自己最好的那一面呈现在他人面前的方向不懈努力。

与上一种人恰恰相反，有的人只是在晚上临睡前的时候才刷牙。这样的人多比较缺乏安全感，所以凡事总是要做得妥妥当当的，以使自己安心和放心。这样的人为人处世多比较干脆和利落，没有过多庞杂的而又没有具体意义的琐事。他们大多追求在最短的时间内以最小的精力来完成一件事。他们往往对结果不要求尽善尽美，说得过去就可以了。

有的人使用冲牙机清洁牙齿，这样的人对于接受新鲜事物的能力，一般来说是很强的，但有喜新厌旧的倾向，接收容易，放弃也比较容易。他们大多内心不安分，喜欢猎奇，追求新潮、刺激。

有的人使用电动刷牙机清洁牙齿，这样的人多是一个很懂得享受的人，他们乐于凡事不用自己动手就可以达到目的。在自身条件可以使自己很好地享受的，自然不必说，对于无法达到的，常通过幻想来满足。

也有的人使用牙线清洁牙齿，这样的人在为人处世方面多是谨慎小心的。他们多有很强的自信心和责任心，能够很出色地完成一件工作，而且由于他们很讲信誉，多会得到他人的信任和肯定。

还有的人采用橡皮制品的尖端来剔牙，这样人的预防意识大多不是太强，他们很少会事先做一些必要的准备，以免有突然性的事情发生，而导致措手不及。但这种人往往能亡羊补牢，思维缜密，即使发生突发事件，他们也能很快镇定，并积极化解。当他们发现自己犯了某一错误以后，能够主动地去改正。这种类型的人还有一个比较突出的特点就是有很强的攻击性，敢于向某一事物进行挑战。

随手涂写显露真性情

我们每个人都有这样的经历：闲来无聊时在一张纸或是其他什么东西上随便地涂涂写写。

有心理学家指出，这种无意识的乱涂乱写，往往能显示出一个人的性格来。因为人内心的真实感觉，正是通过涂写这个过程显露出来的。

（1）喜欢画多层折线的人，大多分析能力比较强，而且思维敏捷，反应速度快。

（2）喜欢画单式折线的人，在很多时候都处在一种相对紧张的状态之中，情绪不稳定，时好时坏，让人难以捉摸，因为单式折线代表内心不安。

（3）喜欢画波浪形曲线的人，个性随和，而且富于弹性，适应能力很强，善于自我安慰，遇事愿意往好的方面想。

（4）喜欢画三角形的人，理解能力和逻辑思维能力多比较强。在绝大多数时候能够保持头脑清醒，思路清晰，有很好的判断力和决断力，但缺乏耐心，容易急躁、发脾气。

（5）喜欢画圆形的人，大多对凡事有一定的规划和设计，喜欢按照事先的准备行事。他们大多有很强的创造力和很丰富的想象力。

（6）喜欢画连续性环形图案的人，多能够将心比心，站在别人的立场上为别人着想。他们在大多数情况下都对生活充满了信心，而且适应能力很强，无论什么样的环境都能很快地融入其中。他们对现状感到满足。

（7）喜欢画不规则曲线和圆形图形的人，心胸多比较开阔，心态也比较平和，对环境的适应能力很强，但有点玩世不恭。

（8）喜欢画不定型但棱角分明图形的人，多竞争意识比较强。他们争强好胜，总是希望自己能够胜人一等，而事实上，他们也在不断地为此而努力，并且可以作出巨大的付出和牺牲。

（9）喜欢画尖角的图案或紊乱的平行线的人，表明他们的内心总是被愤怒和沮丧充斥着。

（10）喜欢涂写对称图形的人，做事多比较小心谨慎，而且遵循一定的计划和规则。

（11）喜欢在小格子中画上交错混乱线条的人，有恒心有毅力，做什么事情都有一股不达目的誓不罢休的劲头。

（12）喜欢在一个方格内胡乱涂画不规则线条的人，说明他们的情绪低落，心理压力很重，但不会产生悲观厌世的想法，对人生还抱有很大的希望，并会寻找办法解脱自己，朝积极向上的方向努力。

（13）喜欢在格子中间画人像的人，朋友很多，但敌人也不少。

（14）喜欢写字句的人，多是知识分子，想象力比较丰富，但常生活在想象当中，有点不切合实际。

（15）喜欢画眼睛的人，其性格中多疑的成分占了很大的比例。这一类型的人有比较浓厚的怀旧心理。

从拿麦克风的方式识人

提到麦克风，每个人拿麦克风的方式略有差别，而这些动作，在震耳欲聋的声音中，正悄悄地透露着人们内心深层面的性格秘密。

一、抓着麦克风上端的人

这种人往往生性多疑、善变，有神经质倾向。他们情绪起伏明显，经常为一点小小的不如意就任自己束缚在低潮情绪中，心情很容易跌入谷底。

这种人外表强横专制，内心却是怯弱、纤细。他们的生活中充满着矛盾

第14章 蛛丝马迹的真相，日常行为中隐藏的秘密

与冲突，非常缺乏安全感，是色厉内荏的人；我行我素，不按常理出牌，让人觉得很难以捉摸。而这种持麦克风的方法，对他们来说有稳定情绪的作用。

二、抓着麦克风中端的人

这种人讲求规律、和谐的生活步调，待人处事谦和、亲切；重视公平、均衡、正义，看不惯社会上不平等的事情。一般而言，他们的态度中庸、温和，虽然内心有怒火也不会冲动得立刻表现出来，凡事秉持"人不犯我、我不犯人"的原则。

这种人重视传统，喜欢遵循前例处理事情，缺乏创新、冒险精神。在爱情方面，这种人略为消极被动，除非受到好朋友怂恿、鼓励。否则，他们总是裹足不前。

三、抓着麦克风下端的人

这种人个性爽快大方，精力充沛，走路步伐迈得很开，富冒险、犯难精神，是典型的行动派人物。他们非常够朋友，对自己认同的伙伴好得没话说。爱憎分明，凡是自己厌恶的人与事，谁也没办法影响、改变他们。做事情相当有主见，总凭着自己的意思、喜恶来作决定，缺乏弹性，一点都没有通融的余地。

在爱情方面，这种人崇尚自然、率真，常常主动向心仪对象示爱，不避讳谈自己的感情世界，缺点就是躁动、激进、脾气不好。

四、两手同时握着麦克风的人

这种人为了减少内心的紧张、恐惧，增加自信心，握麦克风的手甚至会交握在一起搓揉。就肢体语言来说，两手交握横挡在自己面前，即建立一道自我封锁的护栏，强烈暗示着防卫意味。这种人个性敏感，行事谨慎、保守，人际关系偏向冷淡。与其说他们姿态高，向往孤独，不如说他们害怕被拒绝，以至于经常与社交生活保持距离。

有这种性格的人女性气质明显害羞、内向；遇事优柔寡断，即便是极

小的事，也会思忖良久犹豫不决，做事缺少魄力；依赖心强，害怕自己作决定；恋爱的态度既执著又严肃，温柔、敏感，常为单恋所苦；一旦爱上了某个人，会全心全意对待，付出自己的全部。

五、一手拿着麦克风，另外一手缠弄着麦克风线的人

这种人有浪漫倾向，个性倔强、任性，情感如潮水般汹涌而来，喜欢编织绮丽的梦想。他们热切追求爱情，渴望浪漫情愫。多愁善感，相当专情，如果一天没有和爱人见面或说话，心情就平静不下来，很没有安全感。

唱歌的时候，麦克风离嘴很近的人，属内向性格；离嘴较远的人属外向性格。用指尖拿麦克风的人，非常注意外表的美观与整洁，常常保持气质优雅的体态，凡事讲求完美。

从笔迹体察人的心路历程

汉字的发明是一个奇迹，而汉字的笔迹与书写者的个性之间更有着神奇的联系。这可从下述不同的角度去认识。

一、运笔走势

运笔有力，笔力浑厚，说明书写人性格刚强，气魄宏大，并有强烈地支配别人意愿，但这种人往往过于自信或容易自满；运笔协调流利，轻重得当，说明书写人善于思索，爱动脑筋，有较强的理解分析能力，善于随机应变；如果运笔轻浮，说明书写人缺乏魄力和毅力，在生活中常常不能如愿以偿。

二、书写笔风

如果全篇文字连笔甚多，速度极快，说明书写人充满活力，待人热心，富有感情，并且动作迅速，容易感情冲动；如果全篇文字工笔慢写，笔速缓慢，说明书写人性情和蔼，富于耐心，善于思考，办事讲究准确性和条理性，不善谈吐，但往往有善于临时发言的才能。

三、字形架构

字体简洁明了，没有花样和怪体，说明书写人比较诚实，办事认真细致，心地善良，能关心他人。如果字体独特，伴有花体和怪体，并夹杂许多异体字和非规范字，则说明书写人有较丰富的想象力和幽默感，但爱吹毛求疵，自我表现欲强，这种人多半多愁善感，很在意外界对自己的看法。

四、外观轮廓

全篇字体大小适中，端正工整，说明书写人平易近人，温柔审慎，行动从容不迫，遇事较为持重。如字体很长，则说明书写人活泼好动，有较强的主动性和自信心。字形很大，甚至不受纸上格线的约束，书写人往往是办事热情、锐气洋溢，并可能在许多方面有所擅长的人，但这种人缺乏精益求精的态度。字形很小，则说明书写人精力集中，有良好的注意力和控制力，办事周密谨慎，看待事物往往比较透彻。

五、大小布局

全篇文字松散而不凌乱，书写人往往是热情大方，不拘小节的人，这种人喜欢直言不讳，善于交际并能与朋友相处，别人征询他的意见时能以诚相见，并能宽恕他人的过失。全篇字迹密集拥挤，则书写人通常沉默孤僻、谨小慎微，不善交际。

六、字体倾斜的方向

字行习惯向上倾斜，说明书写人是个欢快乐观、力求上进，并总是精神焕发、希望成功的人，这种人往往雄心勃勃，有远大的抱负，并且能以较大的热情和充沛的精力付诸实现。字形习惯向下倾斜或忽上忽下，则说明书写人喜怒无常、情绪不稳定，遇到挫折容易悲观失望。每个单字都习惯向右倾斜，说明书写人比较热情开朗，乐于助人，待人接物均能以诚相待；

单字习惯向左倾斜，说明书写人分析力、判断力强，理智能支配感情，不会感情用事。

通过笔迹识别个性，除以上几种识别方法外，还须对上述各个方面进行综合筛选，剔除假象，进行科学的抽象和概括，方可求得对书写人个性特征的完整认识。另外，随着一个人的成长，笔迹会有或大或小的变化，应仔细鉴别。

此外，以笔迹识人的方法还有很多，还可以从以下三个方面来观察，即笔压、字体大小、字形这三个要点来研究分析这个问题。

字体较大，笔压无力，字形弯曲；不受格线限制，具有个性风格，容易变成草书；有向右上扬的倾向，有时也会向右下降。字体稍潦草。

这种人性格趋于外向，待人热情，兴趣广泛，思维开阔，做事有大刀阔斧之风，但多有不拘小节，缺乏耐心，不够精益求精等不足。

字形方正，一笔一画，笔压有力，笔画分明，字字独立，字的大小与间隔不整齐，具有自己风格，但笔迹并不潦草。字的大小虽有不同，但一般言之，显得较小。

这种人有较强的逻辑思维能力，性格笃实，思虑周全，办事认真谨慎，责任心强，但不够灵活，不懂变通。结构松散，书写者形象思维能力较强，思维有广度。为人热情大方，心直口快，心胸宽阔，不斤斤计较，并能宽容他人的过失，但往往不拘小节。

字形方正，一笔一画型，但与上述类型不同，为有规则的平凡型，无自己风格，字迹独立工整，笔压很有力。

这种人精力比较充沛，为人有主见，个性刚强，做事果断，有毅力，有开拓能力，但主观性强，固执。

字形方正，稍小，有独特风格，尤以萎缩或扁平字形为多。字迹大多各自独立，无草书，笔压强劲。字的角度不固定，但字体并不潦草。

这种人有把握事务全局的能力，能统筹安排，并为人和善、谦虚，能注意倾听他人意见，体察他人长处。右边空白大，书写者凭直觉办事，不喜欢推理，性格比较固执，做事易走极端。

书写时，字体大小与空间大小无关；字形稍圆弯曲，有时呈直线形；有时字形具有自己风格，有时则工整而有规则；大小、形状、角度、笔压均不固定，潦草为其显著特征。

这种人看问题非常实际，有消极心理，遇到问题看阴暗面、消极面太多，容易悲观失望，字行忽高忽低，情绪不稳定，常常大喜大悲，心理调控能力较弱。

敲门的心理动作符号

敲门是生活和交际中经常出现的动作细节。一般来说，我们到朋友家做客或者进入公司、客户的办公室的时候，都需要用这一动作。这也成了生活中应用得非常普遍的一个动作，通过这一动作细节，我们可以推断出很多有价值的信息。

当听到一个似泰山压顶的敲门声时，我们可以推断出敲门者是一个办事沉稳的人，也是一个非常讲究礼貌的人，他的敲门声往往也表示出他一定是有非常重要的事情要说明。

当听到一个短促凌乱，响若雷鸣的敲门声，常给我们紧张的感觉，这也表明敲门者是一个急躁的人，他的来访不一定有非常重要的事，但是他却表现出非常着急的情形。

当听到一个轻软无力，细若蚊声的敲门声，开始都不一定能够引起我们的注意，这表明敲门的人是一个缺乏自信，怯懦的人，他也许是刚刚入行的推销员，也许是一个想提出请求却还没想好怎样开口的人。

当听到一个轻柔沉静，却富有节奏的敲门声，给人踏实的感觉，既不让人觉得紧张也不会被忽视，这样的人一般都是很文静的人，他们的来访也许只是一般的公事。

当听到一个沉重迟缓的敲门声，会让我们感觉像干裂的木柴，或者干涸的河床，这样的人多半都是很忧郁的，所以他们会在一些细节的动作中，将他们的忧郁无形地传递给他人。

当听到一个迟缓造作，软弱无力的敲门声音，让我们觉得有些烦，这是因为敲门的人往往都是很好虚伪的人，所以在他们的动作中也会处处体现出一些矫揉造作的成分。

当听到一个热烈激昂的敲门声，会给人余音不绝的感觉，我们可以从这个声音中听出会有好事发生，因为这是一个欣喜的人传达好消息的声音。

当听到一个干涩无劲的敲门声，会让我们觉得有一潭死水在那里，这让我们的心情也有些压抑，因为门外是一个非常苦闷的人，也许他是来找我们诉苦的。

当听到清响急脆的敲门声，就像卵石相击那样，我们会明显地感觉到这个人的气势，这时门外也许正站着一位非常好胜的人。

在所有的敲门声音中，干脆利落的声音就像叮咚的泉水，让我们有听觉上的享受，这样的人通常会是一个非常高雅、非常受欢迎的人。

上下级的微妙行为

如果上司与你的关系并不特别和谐，你可能很苦恼但又无法弥补，原因何在？原来有时你对领导的意图反应太迟钝。

第14章 蛛丝马迹的真相，日常行为中隐藏的秘密

上级和下属相处时，也是有一些讲究的。有时，他们的某些行为动作或语言也会暴露出其微妙心理。

要了解上司与下属相处的心理状态，对于他们的每个细节，都要细心地分析，以便于你搞好公司的人际关系。处理好上司与你的关系是你做好工作的关键。当上司劝说下属应打起精神努力工作时，如果下属只是口头上响亮地回答"是，是"，但是实际上却并没什么改进，也不打算做改进，这一般都表示内心对上司有反感。

比如，当你向上司汇报工作时，上司皱了一下眉毛，避开你的眼光，这说明他对你的汇报不感兴趣；这时，如果你还不理会老板的动作，他或许会点燃一支烟或倒上一杯茶，这时，上司已经对你感到厌倦了。

一般上司对下属的谈话总是居高临下，他可以紧盯着下属的眼睛和每一个动作，而下属通常都是采取恭敬的态度，俯首帖耳地倾听，并不时伴以理解和应酬性的微笑。这就是心理优越和心理劣势的表现。社会地位低者对社会地位高者进行说明时，对方只是随意地附和，并不向说明者使用客气的语调说话，这通常都是对对方怀有藐视的表现。

当上司对下属有反感时，大部分情况下不会将反感压抑在心底，而是直接表现出来。例如，谈话当中突然离席，故意让对方久候；谈到主题时，故意岔开话题；假装正在思考问题，将视线转移到别处；更有甚者，根本不听你的谈话，一个人看起报来。

从握杯方式看人心

即使是拿杯子这种简单的小动作，也有细微的差异。心理学家和行为学家，从每个人握杯子的方式研究发现，不同的握法显示出不同的性格和心

241

理，而且男女有别。

容易兴奋型的女性，总爱把杯子放在手掌上，边喝边滔滔不绝地说话，反映出她们活跃好动的特点。

追求地位的女性，喜欢握住高酒杯的脚，将食指往前伸出；她们只对有钱、有势、有地位的人或事感兴趣。

为琐事繁忙的女性，喜欢玩弄各种杯子。

沉思型的女性，常用一只手紧紧握着杯子，而另一只手则漫无目的地划着杯沿。

喜欢倾听别人谈话的女性，往往紧握杯子，甚至把杯子放在大腿上，以便集中精神听人谈话。

豪爽型的男性，喜欢紧紧抓住酒杯，拇指会按住杯子。

有主见的男性，会把杯子紧握掌中，拇指用力顶住杯子的边缘。

沉思型的男性，常常用两只手抓住酒杯。

善于伪装的男性，总是用手捂住杯，就好像他们可以用同样办法，巧妙掩盖自己的情感似的。这种类型的人从不轻易在他人面前暴露自己。

从开车方式看心情

一个人控制汽车的方式，和控制自己的方式，有许多相似之处。如果把车子视为一个人肢体的延伸，那么开车的方式，就是肢体语言的机械化身。一个人在方向盘后的举动，反映出他每天的心情与态度。

按规定速度开车的人，对他们而言，开车不过是为了带他们到要去的地方而已，而不是一种真正快乐或刺激的经验。他们守法，尽自己应尽的义务，绝不少报所得税，通常以平稳、容易控制的速度开车。他们做任何事情

第14章 蛛丝马迹的真相，日常行为中隐藏的秘密

都是中庸的态度，即使有很大的把握，也不会骤然冒险。他们为人可靠，不马虎，可能很适合在政府机关上班。

行车速度比规定速度慢的人，坐在方向盘后面令他们觉得害怕，觉得无法操纵一切。他们总是避免把东西放在自己手里，如果有人授权给他们，他们立刻把权限缩至最小。他们嫉妒他人不断超越他们，而他们胆小怕事的个性也会令他们的家人和朋友失望。

超速行驶的人，不会受制于任何人。他们很积极，而且憎恨权势。他们不允许他人为他们设限，如果有人企图这么做，他们会用极端而且可能很危险的方法，来维护自己的独立自主。他们的父母和老师很有可能都十分严格，而这是他们发泄心中怒气的唯一方法。

大声按喇叭的人，在现实生活中，他们喜欢尖叫、大喊、发脾气；在马路上，他们则使劲按喇叭。他们面对挫折的应变能力极差，经常觉得受别人的威胁。他们通常以一连串的高声谩骂，来表达心中的焦虑和不安，发怒的程度完全和刺激他们生气的原因不合。他们做事无效率、无能力，即使什么也没干，却总是显得匆匆忙忙。

不换挡的人，希望所有事情都安排得好好的。他们比较喜欢寻找自己的生活方式，即使有时候这么做遭遇的困难比较多，他们也很少向他人请教。可能不需要别人告诉他们该怎么做，常常是他们告诉别人该怎么做。他们是一位实践家，凭直觉行事，而且喜欢把事情揽在自己身上。绿灯一亮，抢先往前冲。凡事比别人抢先一步是他们生存的方式，他们喜欢胜利的感觉，因为他们不想被烙上失败者的标记。他们已经学会积极，有竞争力，才能够成功。只要有一条线，他们总是第一个站在线上的人。他们不是向前看，而是向后看——别人离他们还有多远。

绿灯亮后，最后发动车的人，因为这样很安全，有保障，用不着和他人争吵。没有人会伤害他们，他们让别人挤破头去拿第一。他们早已学到，只

要不锋芒毕露,就不会遭人拒绝或被人伤害。他们把这个观念也用在其他地方,让他人先走,他们就不必与之竞争了。

不学开车的人,不学开车使他们置身于依赖和无助的情境中。这增加了他们的自卑感,因为他们受制于他人。在他们生活的各个领域中,他们也是习惯退居于积极者的背后。他人对他们的评价驾驭着他们的一举一动。

永远没有驾照的人,擅长告诉别人他们要怎么做,但做出来的成果,却往往与他们所说的相去甚远。不过,只要有足够的刺激,他们最后还是会把事情做完。他们把自己想象成赢家,但心中却暗自害怕会输。他们天花乱坠的言辞可能说得斩钉截铁,但他们的行为却消极得很。他们的拖延战术,不但已经变成了一种再自然不过的行为,而且已经形成了一种模式。

习惯坐后座的人,他人的成就令他们有被威胁之感,因为他们害怕自己想贡献心力时,不为他人信任与接受。他们喜欢别人依赖他们,希望在他们作决定之前,先来问问他们的意见。他们需要一再证明自己的重要性。

从吸烟动作看对方心理

心理学家认为,抽烟的动作,是一个人处理各种生活压力和表达喜怒哀乐,以及各式感情的重要表现。因此,仔细观察一个人的抽烟动作,便可窥见其人的性格和心理。比如使用烟斗吸烟的人就比吸卷烟者更为深沉、稳重、老练,这样的人作出某项决定时,往往是经过慎重考虑的。

一、从烟的类型看

喜欢抽雪茄的人,性情强悍、豪放、敢做敢当。

爱用名贵烟盒但里面却放廉价香烟的人,多半是虚荣心重又不切实际者。

抽烟必选高级品牌者,说明此人好胜心强,或者想说明自己是有钱人;

第14章 蛛丝马迹的真相，日常行为中隐藏的秘密

又或者属于那种实际上没钱，骨子里却非常渴望成为有钱人的人。

抽烟不择种类者，此人尚无烟癖，抽烟只是为了调剂生活而已。这种人比较容易适应各种环境，随遇而安，但自主性和原则性较弱。

有的人喜欢吸焦油含量比较低的香烟，这样的人大多都是懂得吸烟的害处，想把烟戒掉，但又控制不住自己，所以选择低焦油含量。这样既减少了吸烟对身体健康的危害程度，同时也使自己获得了满足，岂不是两全其美？从对香烟的态度上可以看出这一类型人的基本性格特征：他们缺乏必要的果断力，凡事不能雷厉风行地作出决定，总是顾虑重重，不肯也不轻易地放弃什么，多打算采用折中的办法使事情得以解决。这种人的意志和信念并不坚定，在遇到挫折和磨难的时候，总喜欢为自己找借口开脱。

有的人喜欢吸无过滤嘴的香烟，这样的朋友大多诚实可信，为人处世比较脚踏实地，人格魅力很突出。他们是很现实的人，不会把时间和精力花费在一些没有意义的事情上面。他们会以一种非常积极和乐观的精神为自己寻找、创造快乐，然后享受。但对于某件事不尽如人意的结果，他们也会感到深深的懊恼。

现代都市生活紧张繁忙，自己卷烟抽的人似乎已经不存在了。除了在一些比较偏僻和落后的小山村里还有人卷烟，自己卷烟俨然成了一个很久远的历史。对于那些在小山村里卷烟抽的人，他们很可能是出于一种经济落后的原因所致。而还有一些人，他们的经济非常宽裕，但还热衷于自己卷烟抽，这样的人多有耐性，但很固执，并不会轻易地接受他人的建议和忠告，很有点死不认错、不肯低头的牛脾气。

还有的人收集香烟却不吸香烟，这样的人可能已经戒烟了，收集只是为了获取一种心理上的安慰。这样的人性格充满了矛盾与冲突，他们总是在理智与欲望的夹缝中痛苦地挣扎。和出于某种目的而抽烟的人有几分相似之处，喜欢用烟嘴抽烟的人在性格中也有非常强烈的表现欲望和虚荣心，但这

样的人缺乏一定的安全感，所以要与他人保持一定的距离才会觉得比较自在。这样的人也不太自信，总想借助外物来让自己看起来成熟老练一些。

没有在国外生活的历史，却对外国烟情有独钟，而且养成了抽外国烟的习惯，对这一类型的人最好的解释就是这个人表现欲望和虚荣心比较强，爱出风头以吸引别人的目光。他们追求完美，对自己要求特别严格。

有的人喜欢在公众场合吸烟，这样的人是想通过这种方式来展现权力和控制欲。如果一个人需要用这种方式获得自我满足的话，表明他是一个私心相对比较重的人，为自己考虑得多，而基本上不为他人着想。他们习惯于以一种藐视的态度来确定自己的地位。这样会让他人感觉到很不舒服，所以这样的人并不容易营造出良好的人际关系。

二、吸烟的姿态

吸烟时，有人姿态优雅，有人急慌慌的，有人并不急于满足烟瘾，只为了加入吸烟一族的行列。吸烟的动机各有不同，姿态也因人而异，因此可以从中窥见瘾君子的"烟品"及性格。

把大拇指放在嘴边吸烟的人，意志较为坚强，富有独立性，也较为自负，讨厌别人对他发号施令，无论什么问题，若自己不发表一点意见，就会觉得不对劲。这种人最受不了无所事事地坐在角落。

敞开手指拿烟的人，这是敏感而细心的人，但这种人情绪相当不稳定，非常任性，因为爱逞强，所以不太容易亲近别人，实际上却是随和又喜欢与别人相处的人。他们平时吸烟不是这种姿势，只有在心情不佳或精神紧张时才会这么做。

用指尖夹烟的人，性格温和，做事总会为别人留有余地，对于各种问题多半抱着消极的态度。这种人心地善良，不喜欢冒险，做起事来总要选一条安全而可靠的道路走。不过，他们却很会体贴别人，尽管是区区小事，也会全神贯注地去处理。

用指腹夹烟的人，这种类型的人为人踏实，做事毫不含糊且可以被信任的；平时看来和善老实，较为保守；但有时会出乎意料地大干一场。这种人对于自己的生活方式很满意，富有自信，能靠自己的力量切实地完成分内的工作。

抽烟时手掌向外的人，是属于那种跟谁都能谈得来的人，只要独处一会儿，就会忍受不了，十分喜欢和各式各样的人接触。

略扬起头以嘴角抽烟的人，对自己的工作具有信心，可能成为某项专业的专家。不过，他们处事过于勉强又自视过高，通常与同事格格不入，即使发生纠纷或失败，也具有突破难关的冲劲，将来很有发展。

抽烟时伸直拇指顶住下巴的人，具有强烈的阳刚气，不服输；对于工作上的竞争更有热情。他们对困难的工作具有挑战心，前途远大，适合成为高级管理人员。

喜欢抿着下唇抽烟的人，这种人性格稳定，具有适应性，不会引人注目，处事虽非轰轰烈烈，却很少失败，能按部就班地努力前进而获得成功。这种人进公司一两年内，很少有发挥自我才能的机会，三四年后才渐渐受到上司的信赖。不过，这种人欠缺工作主动性。

毫不在意烟灰过长的人，开会中或工作中不少人会忘了弹掉烟灰，这时通常是正在思考。如果平常都是这样的抽法，多半是对自己失去信心、身体状况不佳、感到自卑的人。

啃咬烟嘴的人，被称为自虐型的人，当单位发生问题后，很容易把一切责任归罪在自己身上。虽然有一定办事能力却操之过急，阻碍了个人的发展。

烟嘴容易湿润的人，大多是情绪起伏不定、易热易冷的性格。他们往往会因异性问题发生纠纷，造成工作上最大的阻碍。

嘴上叼着烟工作的人，是对自己的工作带有自信或繁忙的象征，这种动作常见于记者或律师。如果自己的能力没有受到旁人的认可，他们会强烈反抗或意志消沉，工作的失败与成功呈两极化。

抽烟抽到接近吸口的人，好处心积虑、猜疑心强，是极少暴露真心的孤独型。他们处理金钱虽不至于吝啬却会遭受误解，不过，由于从思考到实践有一段颇长的距离因而常错失良机。

急速吸烟的人，比较性急、易怒，对人的好恶明显。这种人通常认为尝试各种类型的工作，比只做同一件工作更能获得成功，对两个以上的工作感兴趣。

吸烟时两眼会不停眨动的人，是一个机警、难以亲近的人。

三、从吐烟方式看

口中喷烟，使烟浮动且以此为乐者，必定是一个好静而不喜欢动的人。

吸烟时向上吐烟者，多是积极、自信、骄傲、有主见、地位优越的表现。向上吐烟的速度越快，说明其优越感和自信心越强；朝下吐烟，则显示此人情绪消极、意志消沉、心有疑虑、信心不足，企图遮掩某件事情。向下吐烟的速度越快，则越显示他的六神无主，或阴沉、沮丧的心情非常强烈。

吸烟时不向前吐烟，而将烟从嘴角吐出者，给人一种诡秘感，显示其积极和消极两种思绪的极端状态。当然，有时也可能是出于礼貌，怕把烟吐到别人脸上而从嘴角吐出。

吸烟时从鼻孔喷烟的人，这种人往往给人一种自负的感觉。向上喷的烟越高，表明其自信、优越感或得意的心情越强烈。但如果吸烟者总是低着头用鼻孔喷烟，则表现出一种焦虑、愁苦的心理状态。

从鼻孔或嘴角两端吐烟的人，这种人对工作的热情起伏不定，而身体状况也不稳定。他们喜好能一决胜负的事物，但做任何事都无法顺遂己意，常因欲求不满而烦恼。

四、从熄灭法看性格

根据法国动作心理研究家贝尔杰先生的研究，香烟的熄灭方式也能反映一个人的心理状态。换句话说，满足自我欲求后的处理方式最能暴露原有的性格。

把仍然冒烟的烟蒂丢在烟灰缸里的人，多半以自我为本位，性格懒散，不能很好地完成他人所托付的事，对金钱也毫无概念。这种人真实表现自我感情，却受人排斥，是经常遗忘东西、遗失物品的疏忽型。

按压烟头熄灭的人，这是欲求不满的动作之一。这种人体力充沛，但因无法适当处理欲望而感到焦虑。不过，他们对工作积极上进，讨厌半途而废，通常受到上司的信赖。

轻轻敲打熄灭的人，处事非常慎重，注意对方的言行举止，对人态度也温和。不过，缺点是不能完全表达自己的意见，有时会举棋不定无法下判断，但具有领导能力。

将烟熄灭在烟灰缸里或用水浇熄的人，属于神经质、操劳型，总是过于在意他人的注意而终日小心翼翼。如果夫妻争吵或有不快的事情，即影响一整天的情绪。

用脚踩熄烟蒂的人，具攻击性、不服输。有性虐待狂的倾向，喜爱讽刺他人，经常感到不满，在意他人的过失。

没抽几口就把烟捻熄的人，表示想尽快结束谈话，或已下定决心要做某一件事情，或者此人此时处于怒火冲天的情绪中。

吸烟时不断敲打烟灰，每抽一口就敲一次的人，显示出内心有冲突，有什么事正令他心烦，让他忧虑不安。

从签名观察对方的性格

名字是一个人的身份代号。古往今来，有多少人想名垂青史，可见人们对自己名字的重视。

时至今日，人们的交际圈越来越大，交际也越来越频繁，亮出自己名字的机会越来越多，于是签名成为人们一项重要的交际内容。签名有美有丑，有大气也有小气，千姿百态，让别人不仅获得签名者的个人信息，还把他们的性格读了出来。

一、名字写得特别大的人

表现欲望强烈，喜欢招摇；注重表面文章，总是将非常多的精力用到衣着打扮上，虽然会给人留下良好的视觉感受，却不会让人对他们念念不忘，因为他们没有办法打动他人的内心。他们总喜欢将众多的任务揽于一身，但是他们的工作成绩暴露出他们的真实面目，那就是他们能力有限。遇到困难显得软弱无能，更有甚者无法善始善终，中途退却，所以他们没有成就大事的可能。

二、名字写得特别小的人

他们的性格与签名特别大的人截然相反，不喜欢在大庭广众抛头露面、惹人注意，既不积极用特别的外表吸引他人的注意力，也不主动向他人打招呼和表示什么。他们对自己没有足够的信心，工作上的表现虽然不是十分积极，但自己的工作都能集中精力来完成，没有很强的功利心，甘于平淡的生活。

三、名字向上的人

通常都有雄心壮志。他们不畏艰辛，坚定执著地朝着自己的理想前进，积极乐观，会想尽办法战胜眼前的困难。他们喜欢荣誉和鲜花，对世间的一切享受非常热衷，这也是他们不懈努力的最终目的。他们可以成就大的事业，同样也会将灾难降临到他人的头上。

四、名字向下的人

通常是消极的等待者或妥协者，总是一副无精打采的样子，犹如大病初愈，又好像经历了什么沉重的打击。他们自信心不足，不敢设计理想，见到他人取得荣誉虽然有时也会热血沸腾,但转眼间又去随波逐流了。

五、名字向左的人

不喜欢按照常规办事,喜欢标新立异和追求不同凡响。如果他们喜欢某个人,就会对其冷酷到底;如果讨厌某个人,则会热情周到,不亲假亲。他们喜欢表现自我,在陌生人面前直言不讳,而他们认真诚恳又不失幽默的表现会博得大众的喜欢。

六、名字向右的人

积极乐观,信心十足,总是一副充满朝气、和蔼亲切的样子,在人际交往过程当中经常主动向他人靠拢,别人也会笑脸相迎,和他们愉快地交谈。但这并不是他们成为社交高手的主要原因,他们真正高明之处是"醉翁之意不在酒",在交往的时候表面热心参与,而实际上置身事外,对全局进行缜密的观察,别人的一举一动几乎都逃不过他们的眼睛,所有的发展变化都在他们的预料当中。

从打电话行为观察人

电话在我们的生活当中占有非常重要的地位。电话几乎每个家庭都必备,电话可以使人与外界进行更好的沟通和交流。一个人使用什么样的电话,在一定程度上表现出他在与人沟通时所采取的一种普遍态度,通过打电话的习惯,可以看出一个人的性格中友善、谨慎的成分有多大,对人是充满爱意还是心怀敌意。

一、从喜欢的电话类型上看

有的人使用的是标准黑色电话,这样的人生活多很节俭,从来不会乱花一分钱。他们对人有一定的戒备心理,并不会轻易地就相信谁,即使给予他人关心和帮助，也会在证实对方确实需要自己的关心和帮助之后才会给予。他们说话做事干脆、果断，说到做到，拿得起也放得下，从不拖泥带水，而且在任何情况面前都能保持冷静。他们大多没有特别体面的装束，他们喜欢朴素的穿着。

有的人喜欢壁挂式电话，这样的人多具有较充沛的精力，他们可以在同一时间内做几件事情，而且这几件事情都能做得很好。他们社交能力很强，也有良好的人际关系。他们在与人交往方面要花费很大一部分的时间和精力，但这并不影响他们对家庭所负的责任和义务，他们能够做到两者兼备。

有的人喜欢用公主型的电话，这样的人大多有浪漫情感。他们大多小时候娇生惯养，所以在长大以后会比较任性。他们多有较强的虚荣心，喜欢被好听的话和漂亮的东西包围着，而且还好做白日梦，生活有些不切合实际。但他们对生活的态度还是比较积极和乐观的，活得比较快乐。他们乐于把自己的快乐传递给别人。他们大多思维单纯，为人处世不圆滑。

有的人喜欢能够记录电话号码并且能够自动拨号的电话。这样的人多有比较强的依赖心理，总是希望有人能够帮助自己解决一些问题。他们面对压力的时候，常常会有退缩的念头产生。他们的生活总是显得特别忙碌，虽然十分珍惜时间，但到最后却往往见不到什么成效。

有的人喜欢免提电话，这样的人通常希望自己生活的空间是相当自由和开阔的，狭小或是密闭型的地方，总会让他们感到很不自在。他们在很多时候会保持积极和乐观的生活态度，而且脾气很好，从来不会轻易动怒，对他人富有耐性，较能容忍。

按不同的键会由不同的电子音符奏出不同的音乐，喜欢这种类型电话的人多是易冲动，脾气较暴躁，没有多少耐性的人。

有的人喜欢隐藏式电话，这样的人多比较冷淡和漠然，并不希望与他人有过多的接触，他们不想让他人真正地走近和了解自己，所以在通常情况下

第14章 蛛丝马迹的真相，日常行为中隐藏的秘密

会隐藏自己的真情实感，而把一个虚假的自己呈现在他人面前。

有的人喜欢样式非常奇特的电话，这样的人在很多时候，很多方面都会显得与这个社会整体格格不入，他们言谈举止显得非常古怪和唐突，常常让人感觉无法接受。但是他们却较富有同情心，乐于与人交往，在紧急时刻，应变能力也比较强。

有的人喜欢无绳电话，这样的人多自主意识比较强，从来不希望被任何一件事情捆绑住手脚，这样他们就可以自由自在，随心所欲地想干什么就干什么。他们似乎永远都没有安静下来的时候，总是忙忙碌碌的。这种人往往很精明，懂得如何远离是非。

二、从抓握电话听筒的方式上看

双手提话筒的人，对暗示很敏感，易受外界的影响。这样握听筒的女性，一谈起恋爱来，很容易受爱人的影响，性格也会随之起变化。这样握听筒的男性，大多会有一些女性气质，对于一些细微的事情，往往也会左思右想，优柔寡断，不知如何是好。

让话筒与耳朵保持一定距离的人，这样的女性，其行动力和社交活动能力往往是相当强的，并且有很强的自信心，十分好胜，也很希望周围的人能够注意她。但是，这样的女性一旦遇到她所倾爱的男性时，则会一改以往任性的性格。这样握听筒的男性比较少见。

边通话边玩弄电话线的人，多见于女性，她们比较喜欢空想，一方面多愁善感，另一方面又有倔强的脾性，她们在电话中一说起来常常会没完没了。这样的男性较少见。

紧抓话筒下端的人，在男性中较多，他们大都性格干脆、做事爽快；这样握听筒的女性，往往对事物的好恶十分明显，且固执到底。遇事全凭自己的好恶，一点也没有通融的余地，因而不大讨男性的喜欢。

抓紧话筒上端的人，女性较多，这样的女性有一种歇斯底里的特征，只

要有一点小事不合心意，就会大发脾气，情绪改变非常快，所以与周围人的关系常常很紧张。这种女性与异性相处时，爱怎么样就怎么样，往往使对方束手无策，陷入困难的处境；而这样握听筒的男性，常常因为头脑灵活，善于应变，而有良好的人际关系。

三、由打电话方式上看

利用电讯设备进行人际关系的交流，已经是现代人不可或缺的沟通方式。由于它与面对面的沟通不同，所以我们可以从一些打电话的小习惯中归纳出人的心理。

一心二用型，与人通电话的同时并进行一些琐碎的工作，如擦桌椅、整理文具等。这种人多富进取心，爱惜光阴，分秒必争。

悠闲舒适型，通电话时舒服地坐着或躺着，一派悠闲自得。这种人多生性沉稳镇定，泰山崩于前而色不改。

以笔代指型，习惯用铅笔或圆珠笔代替手指去拨号码的人，通常性格急躁，经常处于紧张状态，不让自己有片刻的休息。

边走边谈型，通电话时从不坐定在同一地方，喜欢绕着室内踱步的人，通常好奇心强，喜欢新鲜事物，讨厌任何刻板的工作。

以肩代手型，习惯把听筒夹在头和肩之间的人，多是生性谨慎，对任何事情必先考虑周详才作出决定，极少犯错。

信手涂鸦型，边与人讲电话时，边在纸张上信笔乱画的人，往往具有艺术才能和气质，想象力丰富但不切实际。天性乐观的个性，使他们经常可以轻易渡过一切困难。

紧抓话筒型，通电话时紧紧握住话筒的人，生性外圆内方，表面看似怯懦温驯，实则个性坚毅，一旦下定决心，绝不轻易改变。

平淡无奇型，无特殊习惯，一切动作均出于自然，这种人多生性友善，富有自信心，对自己的生活操控自如，能屈能伸。

第15章
猜得出的品位,吃吃喝喝中透露个性和修养

从饮食习惯看,人只要生活在这个世界上,就一天也离不开食物,食物对于人的重要性是无需多言的。

我们从一个人喜欢吃什么东西可以观察出他的性格特征,同样,从一个人以什么样的方式来吃东西,也可以观察出他的性格特征。

第15章 猜得出的品位，吃吃喝喝中透露个性和修养

观察对方的饮食特点

将食物分割成若干小块，然后一点一点慢慢地吃，这样的人大多是比较传统和保守的，他们为人处世都比较小心和谨慎，不会轻易地得罪人，在很多时候都充当好好先生，保持中立。这一类型的人由于缺少冒险精神，所以往往在事业上所取得的成就不是很大。他们在很多时候比较机智和圆滑，有自己的主张，不会轻易地接受他人的建议，但又不会表现得太过于明显。

吃东西时很讲究程序化，总是一项一项地全部做到位以后，才坐下来慢慢地吃。这一类型的人思想多是相当缜密的，他们总是会花很多的时间去考虑一件事情，把前前后后、左左右右凡是可能出现的问题都想清楚，并作出了适当的应对方法以后，才会着手去做。由于挑食所致，他们的身体可能不会很强壮，但头脑和智慧却是足够用的。他们习惯于凡事先做好准备，但还是害怕有意外的事情突然发生，如果是这样，他们就会感到措手不及，不知该如何是好。

饭量很小，吃一点就放下碗筷不吃了的人，多是比较传统和保守的。他们的一举一动都非常小心和谨慎，总是不断地努力处好与他人之间的关系。他们为避免风险，凡事喜欢墨守成规，按照旧的方法去完成。这一类型的人做事稳妥有余，但冲劲不足，所以说他们不适合创业，只适合守业。

一顿饭狼吞虎咽、风卷残云就吃完了的人，大多有较旺盛的精力，他们的性情很坦率和豪爽，待人真诚、热情，做事干脆、果断，自我意识比较强，有些时候常常自以为是，而听不进他人的规劝。他们有很强的竞争心理和进取精神，绝不会轻而易举地就向谁妥协和认输，而总是要与对方拼上一拼，搏上一搏。

吃东西的速度极慢，总是细嚼慢咽的人，在为人处世方面多是相当重视过程的，在过程和结果这两者之间常常是前者会给他们带来更大的快乐和满足。他们做事周密严谨，一般时候不会打无把握之仗。他们比较挑剔，对人对己要求都比较严格，有时甚至达到苛刻、残酷的程度。

吃东西不知道加以节制，看到喜欢的就一定要吃个够的人，性格大多比较豪爽和耿直，他们多有很好的人际关系，具有一定的组织能力，能使自己的周围经常团结着许多人。他们不懂得也不会掩饰自己的情绪，喜怒哀乐往往全部写在脸上，让人一目了然。

从来不喜欢和他人一起进餐，而乐于自己单独一个人静静地吃，这样的人大多性格比较孤僻，有些自命清高和孤芳自赏。他们比较坚强，做事也很稳重，具有一定的责任心，能保持言行的相对一致，做到言必行，行必果。一般来说，他们在很多时候都能让自己的上司、朋友和亲人感到满意。

由烹饪方式来了解对方

一个人在准备食物的时候持什么样的态度，往往会透露出他对生活的某种感受。从准备的方法和过程中，可以显现出一个人许多内在的东西。

有的人认为烹饪是一种艺术，更是一种享受，他们愿意自己动手，准备一切。这一类型的人，多独立意识比较强，从来不企图依靠别人来达到自己的某种目的，同时他们对他人也缺乏足够的信任感。他们很满足获得成功后的那种成就感。他们自信心极强，即使身处困境也依旧乐观。

有的人在烹饪的时候大多采取剁、揉的方法。这样的人多属于实干型的人，他们很实际，总是能够以非常积极和诚恳的态度来面对生活中的各种问题。他们的生活节奏相当快，对于已经决定的事情，他们会全身心地投入，

第15章 猜得出的品位，吃吃喝喝中透露个性和修养

尽量把事情做好。

有的人喜欢按照有关烹饪的书籍做菜，这样的人显得有些呆板，喜欢依据一定的法则，如果没有这一类指导性的东西，就会显得手足无措，他们习惯于被人领导，而不可能领导别人。他们总是过分地追求各种细节，精确严谨，从来不会轻易放弃任何一件他们认为重要的事情。他们对自己并没有多少自信心，随机应变能力比较差。他们害怕遇到突发事件，因为那时候他们会手足无措。

有的人只是凭着自己的感觉进行烹饪，这样的人多比较善变，常凭着一时的冲动感情用事。他们不愿受人约束，喜欢随心所欲，为所欲为。他们很少向别人作出承诺，因为他们非常了解自己，知道自己根本无法兑现。他们的心地还是很善良的，并不想去伤害别人，可到最后还是会有许多人受到伤害，他们会为此感到难过，但自己并不会改变什么，或许也是改不了。

有的人喜欢给美食家打电话，请教烹饪方面的问题。这样的人多比较有宽容性，能够虚心认真地接纳他人给自己提出的意见和建议，但只是接纳并不是全盘的接受，他们是有着自己独特思维的，会充分考虑他人的意见和建议，但在此基础之上，最后的决定还是自己。

有的人喜欢烤肉，这样的人性格多是外向的，他们待人热情大方，乐于结交新的朋友，而且富有同情心，做事常不拘小节，马马虎虎，得过且过就好，因此常会制造一些不必要的麻烦。他们乐于向别人介绍自己，以增进了解。

有的人喜欢边看电视上的烹饪节目边动手，这样的人多自主意识强烈，不愿意让他人为自己作决定，他们喜欢把一切都变得简单和方便，他们很容易获得满足，在各方面都不挑剔，但对于一些事情还是有追求完美的心理倾向的。在大多数时候，他们善于开导自己，生活比较快乐。

有的人爱在烹饪的时候使用一些小道具，这样的人多是具有比较强的好

奇心，一旦喜欢上什么，就会想方设法得到它；做事追求高效率，有较强烈的忧患意识，为了以防万一，会做很多的准备，但事实上，多为杞人忧天。

还有的人从来都不自己烹饪，这样的人多缺乏冒险意识，为了安全，他们会选择妥协退让。

从喜爱的食物看其个性

一般人的身体状况，通常由其饮食习惯决定，比如肥胖的人多半喜吃甜食，肠胃不好的人容易紧张，这些都是基本常识。而一个人的个性又与其健康状况息息相关，因此从饮食习惯去归纳一个人的个性，确实有一定的可信度。

喜欢吃蒸制食品的人，性格多比较内向，不轻易动怒，心里经常陷入犹豫、动摇的挣扎中，但很少流露出来。

喜欢吃冷食的人，个性多比较坚强，且不愿表现自己，给人不容易亲近的感觉；不过，这种人对大自然有浓厚兴趣。

喜欢吃清淡食物的人，多不太注重人际交往，不善于与人接近，情愿单独行事，性格倾向沉静而内向。

喜欢吃甜食的人，个性多属于热情开朗、平易近人，但有些软弱、胆小。

喜欢吃辛辣食物的人，多善于思考，遇事有主见，吃软不吃硬，有时爱挑别人的毛病。

喜欢吃炖煮食物的人，多性情温柔，和任何人都谈得来，富于幻想，但对于幻想的事物能否实现，则一点也不计较。

喜欢吃烧烤食物的人，多上进心较强，较能专心致志，性情急躁，爱出主意，但又缺乏当机立断的勇气。

喜欢吃酱菜的人，多比较稳重，善于埋头苦干，做事有计划，缺点是有时不太看重人与人之间的感情。

不喜欢吃酱菜的人，往往没有架子，平易近人，有钻研精神，能吃苦耐劳，但兴趣易因挫折而放弃。

喜欢吃油炸食物的人，多富有冒险精神，容易触景生情，时有大干一番事业的愿望，但稍受挫折就会灰心丧气，有时会乱发脾气。

喜欢吃大量肉食的人，多数有支配性的性格，领袖欲强，活动性高且有进取精神。一般来说，特别嗜吃肉食的人，也是社交圈中比较活跃的人，特别容易与别人合得来。

对所吃的食物不加以选择，常常是来者不拒，这样的人大多亲切而随和，在各个方面都不拘小节，更不会为一些鸡毛蒜皮的小事而斤斤计较。他们的头脑一般来说是比较聪明的，很有才华，而且精力相对旺盛，能够同时游刃有余地应付几件事情。

从喜欢的饮酒品种见人性

饮酒是人们在社交场合最为常见的应酬方式，它是人们沟通和联络感情以及解决问题的较好的方式。

美国心理学家的研究表明，喜好狂饮者通常具有渴望改变自我的愿望。这些人之所以豪饮，是为了使自己的性格改变为自己理想中的模式。换言之，不停地喝酒直到觉得变成自己满意的性格为止。因此，不是因好酒而饮酒，乃是渴望改变的心理在作祟。

具有这种饮酒心理的人如果发现能够使自己心理获得最大满足的酒，则会偏爱该种酒。其实并非因酒在口感上的差别，多半是受心理的影响。特别喜好某种酒的男性，性格上常异于一般人，具有特殊的愿望或欲求。

虽然酒的品种和性格的关系尚无充分的调查或研究，却可以做以下的大致分析。

一、喜欢饮威士忌的人

这种人适应性比较强，能充分采纳旁人的意见。出人头地的愿望非常强，只要有机会即渴望从中赚大钱或期待上司的认可。他们对待女性非常重视礼仪并表现亲切，会明确地表达自己的心意。不过，饮用法不同，个性自然也有差异。

喜欢喝稀释的威士忌的人，这是最普通的男性性格，渴望能充分把自己的观念传达给对方，适应力非常强。

喜欢喝威士忌加冰块的人，无法确切地用词语或表情传达自己的心意。他们仔细观察周围的情况，易被他人意见所左右，但是在公司里通常是平步青云的，平常会掩饰自己的感情。

喜欢喝纯威士忌的人，多具有男性气概，冒险心强，讨厌受形式束缚，对强权势力带有叛逆性，富有创造力、独创性又具正义感。他们外表上对女性表示冷淡的态度，内心却是温柔的。

二、喜欢饮中国白酒的人

有些人偏爱烈性白酒，如果餐桌上没有白酒则索然无味，喜爱白酒者一般喜欢社交而又乐善好施，也有好好先生的一面，很在意对方的感受，易受吹捧，常受人所托无法拒绝。他们对女士尤其亲切，即使失败也不在意。他们在公司或职场中由于关照部属而深受部属们的爱戴，却很难获得上司的认可。他们在混乱的局面中会发挥卓越的能力。对于认可自己能力的人，这类男士甘愿为其奉献心力，虽然失败多却也终将有大成就。

三、喜欢饮洋酒的人

现在，饮洋酒的人越来越多，用餐必定有洋酒，或约会中必喝洋酒的男性多极具个性。这类男士多数追求豪华的生活，喜爱从事辉煌的工作，在服饰等方面也较挑剔。他们中有许多人有国外生活经验,也有些人则是崇尚新潮。

四、喜欢饮鸡尾酒的人

喜好带点甜味的鸡尾酒者,与其说是喝鸡尾酒,不如说是享受那种气氛,或渴望与女性对谈。如果喜好带辣味而非调味的鸡尾酒(如马丁尼酒),多具有男性气概的表现,在工作上能充分发挥自己个性与才能,值得信赖,同时具有责任感,举止行动有分寸。劝女性喝甘甜的鸡尾酒的是不太喜爱酒精的男性,或渴望邀约女性享受饮酒的气氛,或期待借酒精缓和对方的情绪。如果向女性劝喝酒精度高或较为特殊的鸡尾酒,则是暗自期待利用酒精,使女性无法作冷静的判断。跳舞前劝女方饮鸡尾酒的男性,通常希望和该女性有更深一层的交往。

五、喜欢饮啤酒的人

根据美国社会调查研究所的调查,喝啤酒是表现轻松愉快的心情,饮酒者渴望从苦闷的环境中获得解放。

约会时喝啤酒的男性,通常想要表现最原始、最自然的自己。如果向同行的女性劝喝啤酒,是渴望对方和自己有同样的心情,或内心期待愉快的交谈。他们既不矫揉造作也不爱慕虚荣,可称为安全型。

如果爱喝指定品牌的啤酒,对这种男性可要警戒。有些人想在啤酒的品牌上表现个人的特性。事实上各品牌的啤酒味道相差无几,特别指定品牌只是心理上的作用。

选购外国啤酒的人性格上和洋酒派类似:特别喜好德国啤酒的男性,只是想向女性标榜自己异于一般男性。喜好黑啤酒的男性,通常对强壮的体魄向往不已。

从喝酒方式看人性

迷恋杯中物之人,有些并非纯粹是为了麻醉自己而买醉,他们有的还有其原则,有所喝有所不喝,绝非来者不拒。这种对酒有所讲究和坚持的现象,道出了喝酒文化中的人性问题。

迷信特定商标、品牌者,大都隐藏着欲望或内心的创伤。有的人更不顾自己的身份和社会地位,消费一些对其来说属于奢侈品的东西。尤其是在公众场合抽洋烟、喝洋酒的人,他们的内心深处往往隐藏着强烈的表现欲,希望或幻想自己身处比目前的社会地位更高的层次,让自己看起来比实际情况好,这种类型的人大多具有歇斯底里的性格。

嗜好杯中物,以尊敬的人或上司所喜爱的品牌马首是瞻者,是一种"示好"的现象,源于希望自己与上司合而为一的心理。这种现象除了单纯的憧憬之外,可能还潜存不满对方的心理,所以会希望借由同化现象来消除这种不满。

喝醉酒后变得爱哭爱笑,脾气暴躁者,大都具有谨慎且神经质的性格。酒后常以半开玩笑的方式数落自己的上司或说上司的闲话,其中多少含有真心话,这些人在酒醒时大多温文尔雅,酒醉时则判若两人。他们在日常生活、工作中,大多是对长辈和上司的命令言听计从,做事一丝不苟,属于认真踏实的人。正因为如此,压抑于内心的不满亦较一般人更为强烈,酒后更易于表露。

无论何种场合都不会喝醉的人,大都具有自我防御性格,并极力避免与人深交。这种类型的人善于隐藏自己的真情,即使喝了酒,也不愿"吐真言"。在人际关系的交往中,他们只满足于泛泛之交,没有真正的知心朋友。他们中有的一旦稍有醉意,便滔滔不绝地大放厥词,习惯以自我为中心，自吹自擂，这不仅是对自己的现状不满，更是强烈的表现欲所驱使的。

完全不理会他人猛灌酒者，大都属于外向型性格或极端神经质的特质，不过这种人有自知之明且懂得量力而为。相反地，会一点一滴慢慢品酒的人，大多属于内向性格。

从吃鸡蛋的方式看性格

鸡蛋所含的营养成分是很丰富的，这是很多人喜欢它的原因之一。而我们可以通过观察一个人选择怎样吃鸡蛋来探究其性格中的某一面。

喜欢吃炒蛋的人，多善于交际，他们也能与其他人很好地相处。他们不拘于小节，对人对事能持比较宽容的态度。他们不喜欢张扬，也不太希望引起他人更多的注意，但善恶是非大多分得比较清楚，别人对他们好一分，他们会回报别人十分；可是如果别人对他们恶一分，他们可能也会回敬别人十分。

把蛋煮得过了火候，喜欢吃很硬的鸡蛋的人，一般多把自己隐藏、保护得很好，他人不会轻而易举地就走近、了解他们。要想认识这一类型的人需要花费很大的力气，得慢慢来。这一类型的人，在外表上看起来给人的感觉很冷酷，他们的内心也很坚硬，并不会随便地就被什么东西所感动。这种人见的世面很广，或许是见得太多，遭遇得也太多，所以才导致他们缺乏温情吧。

喜欢吃煮得半生不熟的蛋的人，多在外表上看起来虽然很固执，但他们的内心脆弱，易向别人妥协。他们的性情是热情而又敏感的，一点小小的事情，可能也会让他们感动不已。

喜欢法式煎蛋卷的人，多是开朗而神秘型的人物，他们的外表也许很严肃、很呆板，但内心却与外表存在着很大的差距。他们总是能够隐藏一些秘密，然后吸引别人来探个究竟。对于所谓的秘密，他们会不费什么事就说出来，但在开始总是要故弄玄虚一下。

喜欢吃单面煎的鸡蛋的人，这一类型人的性格多是乐观的，充满了积极向上的精神，对未来有着无限的向往，并且抱着很大的信心，相信自己能够开创出一番事业来。同时，他们也会很努力地脚踏实地地去做一些事情。

喜欢吃两面煎蛋的人，这也属于积极乐观的类型，但是他们在为人处世方面要相对谨慎小心得多，不会不加分析和思考就莽莽撞撞地去做某件事情。正是由于这一点，他们避免了许多麻烦和失败的产生，他们多能够很好地、有计划地安排自己的生活。

喜欢吃煮荷包蛋的人，多谦恭有礼，不招摇，行为举止也很恰当得体。但他们会经常被一些麻烦缠身，甩也甩不掉，不是他们制造麻烦，而是麻烦经常光顾他们。

喜欢把蛋白打散，然后烤得又松又胀，而蛋黄则放在一边不用的人。这样的人多有比较漂亮的外表，很能吸引他人的目光。但是通过接触就会逐渐地发现，他们只是空长了一副皮囊，其实并没有什么内涵。

从喜欢吃的菜看性格

由于食物是人类赖以生存的重要条件，具有地域性和国际性的特征。与人们生活密切联系的菜肴在与人类长久的接触过程中将人的性格浓缩于其中。

一、喜欢吃中国菜的人

中国菜驰名世界的原因不仅是色香味俱全，而且最令外国人新奇的是一双软硬兼夹、伸缩自如的筷子，所以喜欢吃中国菜的人一般头脑灵活，有很强的鉴赏能力,因为面对五花八门的菜肴,他们必须经过选择才能下箸。此外,中国菜适合亲朋好友围着一起吃,而比较生疏的人在一起吃就没多大意思。

二、喜欢吃法国菜的人

法国菜被人们称为法国大餐,因为从厨房的环境到配菜、上菜,无不讲究精致和典雅。幽暗而又沉静的气氛,让人体味到与众不同的浪漫情调。那些追求简约风格的人不会对这种菜产生多大的兴趣,但热衷于细致和讲究的人会对它情有独钟。

三、喜欢吃意大利菜的人

番茄汁是意大利菜最显著的特征。有这种喜好的人通常喜欢和亲朋好友在一起,而且会觉得乐趣无穷。他们多按自己的喜好去安排生活,家中那些亲手自制的东西令他们回味无穷,产生强烈的亲切感。他们热情四射,而且魅力无限,浑身洋溢着令人愉悦、迷恋的甜美温馨。

四、喜欢吃日本菜的人

日本菜非常讲究精神文化,有着非常耐人寻味的美学韵味。喜欢日本菜的人通常喜欢新鲜的食品,而且最好出自于纯天然。他们不仅在食物上如此挑剔,而且将这个标准也运用到人际交往过程当中。他们不会和那些留着怪异发型的人交往,更不会和化妆奇特的人走在一起。面对意外,他们会像吃日本菜似的脱鞋坐在地板上冥思苦想。

五、喜欢吃英国菜的人

英国菜的做法以煮为主,而且不加香料和其他的调味剂,特别适合患有消化系统疾病的人食用。喜欢这种食品的人不太喜欢感官刺激,而且伴有执著的特性。他们虔诚,有着一份惊人的耐力和勇气,常常是不达目的誓不罢休,任何艰苦都吓不倒他们。

六、喜欢吃美国菜的人

美国菜的特点是基本维持菜肴原料的原始形状,既不使用刀工,也不附加其他的调味酱汁,所以喜欢吃美国菜的人通常多疑,对陌生的人和事物常常无法放心和信任,所以一般不熟悉的菜肴不会去点。他们直爽,很有原则,认为自己是正确的时候通常会坚持到底,说话办事总喜欢表达出自己的喜好,所以有时难免得罪人。

从喝茶发现其个性

喝茶就像喝酒一样,有着相当悠久的历史,同样的,喝茶和喝酒一样能使人上瘾,虽说不像烟那么使人不能自拔,但它确实成了有些人不可或缺的东西。

人们对茶有着不同的要求,对茶的口味也不尽相同,甚至对喝茶的方式也各有偏爱,可以说是花样百出。比如有的人喜欢在街头茶馆喝茶,有人喜欢上茶楼,而有的人只喜欢在家亲手泡茶。

我们对喝茶的人进行细致入微的观察,就能发现他们都有什么样的个性。

一、喜欢喝名茶的人

对名茶感兴趣的人,肯定不是一般平常的老百姓,从家里储藏不少价值不菲的名茶来看,他们的家庭确实不属于温饱线以下的。但他们经常在别人面前提起自己的家当,是不是就显得有点装腔作势了呢?这种人是自我主张强烈的人。

他们的自尊心和自信心特别强,深信只有自己所做的事才正确,对旁人微小的行为也有敏感的反应,如有异者,就要马上加以反对和制裁。

当他们看到别人穿一件漂亮衣服时就说:"这种服装我根本不喜欢。"而见朋友遭到失败打击时又常常幸灾乐祸地说:"我不是早就告诉过你吗?"

这种人大都很固执,容易和周围的人发生冲突,但在有时候,如果对他稍加煽动的话,在强烈自尊心的作用下,他们又会慷慨地助人一臂之力。

二、讲究茶道的人

能有这种精力喝茶的人,的确不同凡响。他们不在乎会花掉多少时间,而在于寻找那种超凡脱俗的境界,从而达到修炼自己的目的。他们是不是能成为一个虚怀若谷的人呢?那就得看他们生活在哪个时代了。

这种人耐性强,而且性子大都比较慢,内心平静、稳定、脾气温和。他们做起事来不慌不忙,很有条理,且能坚持很长时间。

这种人有恒心,注意力集中,适合于做细致的工作。

他们在情感上很专一,不会拈花惹草、见异思迁。

三、喜欢上茶楼喝茶的人

能够经常上茶楼喝茶的人,不是大款,就是打肿脸充胖子的那一类。因为茶楼如今的收费,会让很多人目瞪口呆。

这种高级场所,已经是有钱人和生意人休闲的天地了,有的人会客、谈生意都会在这类茶楼里进行,就好像是自己的办公室一样。而且他们也多半满意这种生活方式。

这种人大多比较专断,自我主张强烈,往往自尊自大,自以为是。他们总觉得自己的主张是绝对正确、唯一可行的,而他人的意见都有问题。

这种人又喜欢争强好胜,从不愿承认别人比他高明,一味自大,待人接物态度强硬。

他们虽然不可一世,但内心又很狭窄小气,脾气执拗,所以容不下他人意见。

四、喜欢到街头茶馆去的人

为了不脱离群众或喜欢了解世俗风情的人,一般只去街边茶馆闲坐。当然也不排除囊中羞涩者,这种茶馆往往以价廉物美和小道消息多而吸引顾客，而经常进出这种地方的人，一般性情多比较随和，很难做无谓的争吵这类的事。

这种人的包容性很强，承受力也强，他们特别能吃苦，是不怕苦不怕累的一类人。面对各式各样的辛劳、艰苦和困难，他们都能接受，都勇于承担。

这种人在工作中是勤奋的，他们从不怕劳累，更不会偷懒，再艰难的事情他们都能够去做。

在生活中，这种人有耐心、不抱怨、不发牢骚、有能力、坚强、无畏，能承受生活的重负。

不过，这种人的灵活性较差，有时缺乏变通。

五、喜欢在家喝茶的人

从某方面讲，这种人的守家意识特别强烈，他们对大千世界的兴趣往往不太浓厚，也不愿意到外面去多混。更喜欢泡一壶清茶与家人待在一起。他们只关心家里，而对外与世无争。

这种人多平易近人，态度随和。家庭是他们的重心，工作上会勤恳踏实，埋头苦干，但这只是为了养家糊口，所以他们在事业上往往往缺乏成大事的野心，但这并不影响他们成为同事眼中的好伙伴。对于家人和朋友，他们是值得依赖的。

六、不喜欢喝茶的人

他们既不喜欢去茶馆，也不愿自己在家沏茶喝。他们可能不是有产阶级，但也并不是穷得连杯茶钱都付不起，但他们确实对此毫无兴趣，而且对茶友的劝告不以为然。这种人大都是内向型性格。

由于过于专注自己，过于防卫自己，有时候他们就显得执拗。

他们一般不会轻易地接受他人的邀请，也不会随便附和众人的意见，尤其是对于新事物，他们更有着强烈的反抗力。他们很执拗，别人要想说服他，恐怕只会惹得一身不快，败兴而归。

通常在一个限度内,和他们还有协调的可能性,如果超过了那个限度,恐怕就难以成功了。因此,与这种人交往,要避免过于莽撞的行为,否则马上会遭到拒绝来往的回礼。

七、偶尔陪别人喝茶的人

自己对茶不感兴趣,却又不得不经常陪人上茶馆的人,肯定有他们的苦衷。他们从不多喝几口,哪怕是杯价格惊人的名茶,他们只是不想让自己有过多的嗜好而已。事实上,他们可能没有一种称得上是有兴趣的嗜好。

这也许是一个疑心病重的人,平时,总喜欢皱着眉,所以眉间易起八字纹。

疑心重的人对外界常抱着不信任的态度,而且有着敌对的心理,总觉得有人要骗他、要害他,整天疑神疑鬼、捕风捉影、东猜西想、忧思重重。

这种人由于疑心病太重,做起事来往往犹豫不决,优柔寡断,还喜欢改变主意,反复无常,所以不容易把事情做好。

第16章
看得透的内涵,兴趣是内心性情的真实写照

　　兴趣爱好背后隐藏着不为外人所知的个人生活层面,它属于业余生活之一。一个人只有工作、家庭、业余活动等三者获得平衡,才可能有健全的生活。兴趣不像工作、家庭生活那样受制于很多客观因素,能够自由选择,所以更能反映出一个人的性格。

从读书偏爱看性格

在心理学家眼里,读书不仅能增加一个人的知识和修养,还能在某种程度上反映出一个人的性格和心理。从一个人喜爱看的书,可以分析出其性格心理。

一、喜欢阅读财经杂志的人

他们大多不喜欢安于现状,不甘寂寞,而且有知难而进的勇气、争强好胜、不愿屈从,最喜欢超越别人。他们崇尚权威,渴望荣誉,努力寻找发达的时机,希望为自己的人生谱写出光辉灿烂的一笔。

二、喜欢读时装杂志的人

他们大多追求时尚,非常在意自己的外貌,十分顾及面子,在日常生活中会尽力改变自己在别人心目中的形象。出手大方,以掌握最新服装信息和流行趋势为乐事,以显示自己在此领域内的水平和能力。但他们的时间和精力往往都花费在了外表上,忽略了内在修养。

三、喜欢读言情小说的人

他们非常注重感情,能够随着故事情节的发展而同小说人物一起喜怒哀乐。他们对事物有很强的洞察能力,自信和豁达。这种人往往能吃一堑,长一智,遭受挫折后很快会恢复元气,有成就事业的可能。这种人以女性居多。

四、喜欢看武侠小说的人

他们富于幻想,追求浪漫,心底深处有某种压抑很深的英雄情结,总是希望自己能出人头地。他们感情丰富,有时过于细腻,反而不受女性喜爱;个别人性格偏执、倔强,但不影响其引人注意的特性。此种性格的人男性朋友较多。

五、喜欢读历史书籍的人

这种人创造力丰富,讲究实际,不喜欢胡扯闲谈,他们把时间都用在有建设性的工作上面,讨厌无意义的社交活动。他们能够从历史事件当中吸取对自己人生有意义的东西。他们具有很强的分辨能力,深受周围人的赞赏。

六、喜欢看传记的人

他们具有强烈的好奇心,谨慎小心,野心勃勃。他们善于衡量利弊得失,统筹全局,不打没有把握的仗,条件不成熟时绝不会越雷池半步。

七、喜欢看通俗读物的人

他们喜欢看街头小报、期刊。他们热情善良,直爽可爱,善于使用巧妙而又幽默的话语活跃气氛。他们有着非常强的收集和创造能力,趣味性的话题总是张口就来,经常成为办公室或社交场合中颇受欢迎的人物。

八、喜欢看漫画书的人

他们一般都喜欢游戏,童心未泯,性格开朗,容易接近,无拘无束,喜欢自由自在,不想把生活看得太复杂。对别人不加防备,往往在吃亏上当后才发觉自己是那么的幼稚,能够吃一堑,长一智。

九、喜欢读侦探小说的人

他们喜欢挑战思想上的困难,富于幻想和创造,想象力也很丰富。他们善于解决难题,面对困难能够从不同的角度进行分析,尝试解决,知难而进,喜欢挑战别人不敢碰的难题。

十、喜欢看恐怖小说的人

简单的生活让他们感觉太乏味,渴望用刺激和冒险激活自己的脑细胞。他们有懒惰的性格,不喜欢思考,所以很难从周围获取乐趣和欢愉,同时对身边的人不感兴趣,所以不太合群,独处一隅的时间较多。

十一、喜欢读科幻小说的人

他们富有幻想力和创造力,常常被科学技术所迷惑和吸引,喜欢为将来拟定计划，但不讲究实际，缺乏持之以恒的精神。他们总是为他人喝彩，很少打造自己的辉煌，经常在幻想当中过日子。

十二、喜欢浏览报纸及新闻性杂志的人

他们多属于意志坚强的现实主义者，且善于接受各种新思想。

十三、喜欢读妇女杂志的女性

她们上进心强，渴望自己成为女强人，希望事事都能表现得很出色。

从音乐偏好看人性

很多人和音乐结下了不解之缘，他们有的把音乐当成知己，把自己最深的感触向音乐倾诉；有的人把音乐当成毕生理想来追求，坚持不懈；也有的人把音乐当成导师，借用音乐的震撼来激发自己的活力和动力。我们也习惯称喜好相同音乐的人为"知音"，所谓知音难寻，指的就是每个人喜爱的音乐都不尽相同，而知音之所以可以相知相惜，就在于其个性想法相当。由此可知，通过分析喜爱音乐的种类也可以观察到人的某些性格。

喜欢交响乐的人，信心十足，踌躇满志，凡事只想积极的一面，所以能够迅速和他人打成一片，但对别人盲目相信往往导致吃亏和受损失。他们喜欢显露自我，处处显示自己的不平凡，希望在上流社会能有一席之地，稍有"不务实"这一缺点。

喜欢听凄美歌曲的人，多愁善感，心地善良，体恤他人。歌曲如他们生命历程中的灯塔，指引他们前进的方向，对于他们人生中的大起大落，音乐常常起了推波助澜的作用。

喜欢歌剧的人，思想传统保守，容易情绪化，易出现偏激行为。他们清楚自己的这个弱点，所以总是极力控制自己，避免不愉快产生。他们有很强的责任感，对自己的一举一动认真负责，力求以一个完美的形象出现在大众面前，处处要求尽善尽美。

　　喜欢摇滚乐的人，害怕孤独，不能忍受寂寞，喜动不喜静，爱好体育运动。愤世嫉俗，对社会有不满情绪，经常把持不住自己，有时候会出现不愉快的事情，但他们并不在意。他们还非常喜欢到处张扬，能引人注目，但不会给人留下深刻的印象。能够将爱好作为强有力的指导，借用摇滚巨星的光环使自己在世俗当中趋于平静，找到心灵上的慰藉。

　　喜欢进行曲的人，墨守成规，不求变迁，满足现状，力求臻至完美，对自己要求甚高，不允许所做的事出现半点差错，而现实中的不完美常常使他们动摇、失望，甚至遍体鳞伤。

　　喜欢乡村音乐的人，成熟老练，轻易不会作出令自己后悔或有损利益的事情。他们细心而又敏感，喜欢关注社会问题，能够与遭受欺凌的弱小群体同呼吸。他们追求安静和怡然，不喜欢大城市的纷繁与喧闹，喜欢过一种完全由大自然控制的田园生活，并为此不遗余力。

　　喜欢打击乐的人，大多率直天真、耿直爽快，对生活充满了希望，并精心设计自己的未来。他们为人处世以和为贵，不挑剔，同时也喜欢谈笑风生，具有很强的社交能力，能够得到大多数人的欢迎。

　　喜欢流行音乐的人，属于平凡的随波逐流类型，在恋爱和人际交往过程当中，远离复杂的思虑，家人或爱人会为他们解决人生中诸多的问题，他们随时准备被感情俘虏。对于他们来说，深层次的自省和强烈的感情是最不能忍受的，只有力图通过听音乐保持轻松和自在。

　　喜欢古典音乐的人，理性较强，能够自省，能够用理智约束情感。他们从音乐中吸取相当多的人生感悟，结果常常形单影只，因为很少有人能与他们的思想和感情产生共鸣。

　　爱好爵士乐的人，性格当中感性成分占的比例较大，大多喜欢宁静而富有情调的夜生活，很多事情都是凭一时头脑发热而去涉及，往往脱离客观实际。他们不喜欢受到约束，我行我素，总是有一些荒唐的幻想；追求新奇，讨厌一成不变，五光十色的夜生活常常令他们流连忘返。但生活与理想相差太远，常常会使他们感到一种莫名的恐惧与难以化解的矛盾。但他们外表虽然放荡不羁，对别人却十分关怀体贴，知道处处为他人着想。

从旅游偏好看性格

心理学家研究发现，人们喜爱的旅游方式，与他们潜在的性格有着千丝万缕的联系，如果你想要了解自己或身边人的真实性格，下面的内容将对你有所帮助。

喜欢访亲探友的人，讲究诚实守信，注重情感友谊，这为他们赢得了非常广泛的友谊和帮助。在探访朋友或亲戚的时候，他们会获得极大的快乐与满足，因为他人的热情款待证实了他们的努力没有付诸东流，他们是成功的。

喜欢大海和海滩的人，保守、传统，心事较重，不愿暴露内心的真实情感，独处一室享受自己的空间是他们莫大的心愿。他们不热衷人际交往，无论是对朋友还是事业伙伴。由于有责任心而成为好父母，子女会得到他们莫大的关爱和无微不至的照顾。

喜欢露营的人，性格当中保守的东西还很多，推崇传统伦理观念，严格按照崇高的道德标准行事，一举一动都会吸引大众的目光，具有很高的道德素养。他们拥护独立，不喜欢受到长辈的庇护和约束；想象力丰富，能够化平凡为神奇，有着讲究实际的人生观；对待他人不卑不亢，有明确的交往之道。

喜欢自然景致的人，追求无拘无束，向往轻松自在，受约束的生活和一成不变的工作常常令他们苦不堪言，他们渴望眼前的工作马上换为宜人的风景。他们往往有活力、有激情，干什么都得心应手，有着丰富的想象力，追求生活中的新思想或新事物是他们毕生的愿望，并且能够对自己的人生负起责任。

喜欢户外活动的人，不喜欢户内活动，但广阔的外部空间并不能激发他们的创造力和新奇的想象力。他们的追求和努力都是他人预先设计好的，只得到大汗淋漓的痛快。但他们精力充沛，敢于迎接各种挑战，能够对自己的言谈举止认真对待，通常能得到很好的回报。

喜欢出境旅游的人，比较时尚，而且站在了时代潮流的最前沿。他们喜欢求变，对新鲜事物怀有深情，对人生充满信心；乐观向上，生活中的压力经常在谈笑风生之中化为乌有，总是过得潇潇洒洒，几乎可以随心所欲。

从收藏发现生活追求

如今，收藏已成了许多人的嗜好。有人喜欢收集收藏品，为的是等待日后升值；有的人收集收藏品是为了提高个人修养，陶冶情操；有的人收集收藏品为的是向别人炫耀，以显示其高雅脱俗，不同凡响；也有的人收集收藏品是为了怀念过去。

收藏品五花八门，收藏者的性格也就各具特色，从一个人所收集的收藏品可以了解到这个人的性格。

重视收藏荣誉物品的人，通常是对自己的现状不满，总认为自己曾经的辉煌不应该那么快地湮灭，自己应该继续享受荣誉和鲜花。这种人不懂得"长江后浪推前浪"的道理，所以只能依靠回忆过去的光荣历史来抚慰自己的心灵。

收集书籍、杂志和报纸的人，有学识和上进心，喜欢在家里享受看书的

第16章 看得透的内涵，兴趣是内心性情的真实写照

乐趣，一人独处，自得其乐。藏书虽多，资料丰富，但大多数都已经过时，没有了使用价值，但他们依然想凭借这些来显示自己的博学，所以在实际生活中总是比别人落后半拍。

收集照片、明信片的人，喜欢回忆过去欢乐的情景，相片为他们和记忆中的人或景拉近了距离，使感情更加浓郁。向别人展示相片，也是向对方介绍自己的一种方式，而他们只需指点几下就够了。他们把自己的人生当成一场戏，自编自演兼摄像，努力打造完美，欣赏结果，更接受一切。尽管对这本相册依依不舍，但未来的路和美好的愿望会使他们备好一本更精美的相册。

收集艺术品、古董的人，因为艺术品和古董往往代表高雅、博学，更是财富的象征，表明收集者比较注重自己的社会地位和身份。由于收藏品的档次和价值是收藏者之间品位和眼光的较量，所以他们的好胜心都很强。

收集旅游纪念品的人，由于受收藏品的特性所决定，他们不断地追求新鲜、奇特和怪异，并具有探幽索隐的勇气。为了追求令自己满意的藏品，他们乐于冒险，敢于出入高山野岭、荒漠戈壁，结果天南地北都留下了他们的旅行足迹。

收藏玩具的人，善于满足，知道分寸，家里是他们最快乐的场所，宁静安逸的生活是他们莫大的享受。他们留恋过去，对曾经拥有过的一切感到自豪，并极力保存于记忆当中，总是用一颗幼稚的心激起兴奋和幸福。他们追求的就是年轻，总是想方设法保持快乐，比如和孩子一起玩，给他们买玩具。

收集旧票据的人，有很强的组织和领导能力，细心，办事条理清楚，按部就班，但是他们的精力大部分浪费在无用的细节与没有意义的过程当中，有时候觉得是未雨绸缪，实则是杞人忧天，因为他们担心的危险出现的机会实在是太渺茫了。他们偶尔也有寻找刺激的念头，但考虑到众多的细节总是无法行动起来，所以他们的生活几乎是一成不变的。

喜爱收集（旧）衣服饰物的人，大都爱打扮，喜欢挥霍，想通过外表使自己成为众人瞩目的焦点。喜欢收集旧款式衣物的人坚信自己的收藏品会再度流行起来，这是他们不可动摇的理由。保留了旧衣物，与之如影随形的观念和思想也就无法根除干净了，而倔强的他们时刻相信它们会再度流行，到时不但省钱省力，更走到了大众的前头，会被称为高瞻远瞩。

由所养宠物见对方性格

养宠物是一种休闲方式，喜好不同，宠物自然相差悬殊，但是从心理学角度来看，不难发现其中一个共性，那就是通过人们喜爱的宠物通常可以看出他们的真实性格。

喜欢养鸟的人，多性格细腻，心胸狭隘，同时会精心地打点属于自己的空间。他们不喜欢繁琐的人际关系，交际能力差，性格孤僻。养鸟使他们自娱自乐，帮助打发多余的时间和寂寞，鸟成为他们生活中不可或缺的伙伴。

喜欢养鱼的人，一般很有生活情趣，是个充满自信的乐天派，对事业和生活没有过高的奢求，只想平平安安度过每一天。有人说他们胸无大志，但一生快乐却也令人羡慕。

喜欢养猫的人，崇尚独立自主，讨厌随便附和，喜欢直来直去，从来不委曲求全，言不由衷。他们内向，喜欢宁静和恬淡，抑制感情流露，很少有人能进入他们的内心世界。同时，他们也能严于律己，不喜欢随随便便，但往往让人感觉不到热情和活力，有时难免矫揉造作，所以人缘通常很糟糕。

喜欢养狗的人，随和、温顺，显得很亲切，但他们好随波逐流，总是顺着他人的想法去做事。他们外向，不喜欢寂寞、孤独，整天嘻嘻哈哈，与左邻右舍关系融洽。交际能力出众,爽快开朗,人情味浓,胸无城府,坦荡直接,真实想法会立即从脸上或行为举止当中显现出来。另外,喜欢狮子狗的人性情活泼好动,像个大孩子;喜欢牧羊犬的人虚荣心较重,有喜欢炫耀自己与众不同的倾向;喜欢贵族狗的人肯定家境殷实,且事业一帆风顺;喜欢收留流浪狗的人,富有同情心,而且小时候可能有过被歧视虐待的经历。

从益智游戏看对方性格

经常接触与智力相关的游戏,会使一个人逐渐地变得更聪明和智慧。不同的人会喜欢不同类型的益智游戏,喜欢是因为他在这一方面感兴趣,这就是人性格的一种体现。通过喜欢的益智游戏,往往也能对一个人进行分析、观察和了解。

喜欢魔方的人,多自主意识比较强,他们不希望别人把一切都准备好,以至于自己不需要花费什么力气或心思。他们也不喜欢把别人的思想和意见据为己有,而是热衷于自己去钻研和探索,哪怕这需要漫长的过程和付出昂贵的代价,也不改初衷。他们具有很好的耐性,对某一件事情,别人在感觉不耐烦的时候,他们也还能坚持如一。他们心思灵巧,触觉相当灵敏,喜欢自己动手制作一些小玩意。

喜欢拼图游戏的人,他们的生活常常像拼图一样,好不容易把一副完整的图形拼好,紧接着又会变成一块块的碎片,他们的生活常常会被一些意料不到的事情所干扰和左右,有时甚至是使长时间的努力和付出全部付诸东流。不过庆幸的是,这一类型的人具有一定的忍耐力和信心,在不如意的事情面前,不会被击垮,而是能够保持自己再奋斗的精神,一切重新开始。

喜欢纵横字谜的人,他们多是做事非常看重效率的人,他们希望在最短的时间内花费最少的精力,最大限度地完成某件事情,可这在某些时候是不现实的。他们很有礼貌和修养,在与人相处时彬彬有礼,显示出十足的绅士风度。他们多有坚强的意志和责任心,敢于面对生活中许多始料不及的困难和灾难。

喜欢玩几何图形游戏的人,多是比较聪明的,他们对某一事物,常常会有自己独到的见解,而不是人云亦云。他们有很强的自信,生活态度积极乐观,在思想上比较成熟,为人深沉而内敛,常常是一副成竹在胸的模样。在做某一件事情之前,他们多是要经过深思熟虑,前前后后把该想的都想到,在心里有了大致的把握以后,才会行动。这样即使出现什么变故,也能很快地找到应对的策略。

喜欢数字类益智游戏的人,大多逻辑思维能力比较强,他们的生活多是极有规律的,有时候甚至都达到了死板的程度。他们在为人处世等各个方面并不圆滑也不世故,而是过分地有棱有角。结果,既易伤到别人,也会给自己带来伤害。

喜欢智力测验的人,他们对生活的态度虽然是非常积极和乐观的,但有时候并不了解生活的实质是什么。他们的生活没有什么规律,而且对于各种事物的轻重缓急并没有一个清楚的认识,常常会将时间、精力甚至财力浪费在没有任何意义的事情上面,结果反倒将正经事情耽误了,可是他们并不为此而懊恼或后悔,相反却还能找到各种理由劝导和安慰自己。

喜欢神秘类益智游戏的人,性格中最显著的特征就是疑心比较重。也许在他们看来,这个世界上好像没有一样东西是可信的,他们对任何事物都表示怀疑,而这怀疑常常又是没有任何依据的。他们对某些细节及一些细微的差别总是表现得极其敏感,而这往往又会成为他们为自己的怀疑所找到的依据。他们会不断地对他人进行指责,但紧接着又会为没有充分的证据进行说明而感到苦恼。

喜欢连连看、找错误这类游戏的人，他们活得多不轻松，常常会被一些没有任何理由的烦恼困扰着，目前的状况虽是一片大好，可他们却往往要朝着不好的方面想。他们的胸怀多不够宽阔，很少注意到他人的优点，且总是盯着缺点不放。

喜欢随意组词的人，即将某一单词的字母随意颠倒顺序，组成新的单词，喜欢这一类型文字游戏的人，其思维反应多是相当灵敏的，随机应变能力很强，对不同的环境或事情，能在最短时间内与人协调一致。而且他们在对人的观察这一方面也有一些独到之处，能够很快又非常准确地洞察一个人的内心世界。在懂得了他人的需求之前，自己马上给予满足。

从喜爱的童话观察朋友

我们可以从一个人在童年时喜欢的童话故事来观察其性格。毫无疑问，童话故事中的角色和情境充其量只是一种幻想和创作，但是每一个故事当中所包含的人生道德、价值观会融入到一个人成年后的思想体系中去。所以，喜欢什么样的童话可以在一定程度上反映出一个人的性格特质。

有的人喜欢小红帽，这样的人大多缺乏一定的忧患意识，对一些人和事从来不设防，而且他们很固执，轻易听不进他人的劝告，把一切都想得很美好、很和善，到最后真正吃亏上当以后，可能还在为别人着想。

有的人喜欢灰姑娘，这样的人多缺乏安全感，时常自怨自艾自怜。从某种程度上来讲他们是聪明、智慧和漂亮的，这些优势常会使他们在与他人的竞争中不费什么力气就轻易获胜，所以会时常遭到嫉妒，他们经常会处于孤独与无助之中，所以一旦有人走近他们，对他们表示出了友好和热情，他们就会与之真心相对。

有的人喜欢白雪公主与七个小矮人,这样的人大多虚荣心比较强。他们喜爱听到赞美的声音,乐于有许多人巴结和奉承自己。从某一角度来讲,他们是非常在意那些巴结和奉承自己的人的,可从内心深处却一点也不欣赏他们,甚至还有些厌恶。他们多是比较孤独和无助的,没有几个真正的朋友。

有的人喜欢睡美人,这样的人生活大多是相当沉闷和乏味的,他们迫切希望得到解脱,但他们并不寄希望于自己,而是指望他人。实际上,这种期待是完全不切合实际的。

有的人喜欢杰克和姬儿,这样的人多具有一定的责任感,一旦作出承诺,就会想方设法兑现。而且他们对人多比较亲切和热情,能够给予他人一定的关心和帮助,同时能够与人同甘共苦而毫无怨言。

有的人喜欢美女和野兽,这样的人多具有爱心和同情心,乐于帮助别人取得进步和成功,有大公无私的精神。他们本身具有强烈的自信,所以也会不断地帮助别人树立自信。在他们看来,一个人如果有了自信心,就没有什么是不可以完成的。

有的人喜欢墨菲小姐,这样的人多缺乏冒险精神,为了安于现状,原地踏步,而不想做什么改变。但他们还是有一定实力和能力的,当外界环境迫使他们不得不改变时,如果激发他们的斗志,往往会作出一番成就。

从休闲嗜好看对方性格

据专家分析,不同的休闲嗜好显示不同的性格与心理。

选择看电影,这种人多是喜爱猎奇,期望一生中多姿多彩。平凡的生活会令他厌倦。

选择游泳,这种人可能需要一个躲避每天沉重生活压力的地方,而水中便是最理想的避难所。

选择露营，这项活动能满足人的某种原始欲望，无论是年轻人抑或是成年人，露营能有机会与大自然对抗。

选择散步，喜欢散步的人一般是个充满自信、爱独立的人，会利用散步的时间想出解决问题的方法。同时，此种人兴趣广泛，比别人善于处理人生的难题。

选择园艺，喜欢种花养草的人，必是个信奉"一分耕耘，一分收获"的人，园艺能给他们十分实际的收益。

选择听音乐，这种人是经常需要激励的，音乐是最好的刺激，就像给缺乏活力的人充电一样。

选择爬山，虽然爱好户外活动，但却并非是一个富于幻想的人，他充满活力，愿意对自己的人生负起责任，而且往往表现得很出色。

选择钓鱼，个性冷静而善谋略，耐性是这种人的特长，而且希望获得报酬，愿意长时间耐心地等待。无论做任何事情，都主张以谈判方式进行，不崇尚暴力。即使他对任何人有什么不满，也不会形之于外，只会藏在自己心底深处。

从喜爱的电视节目观察朋友

美国一位心理学家指出，通过对一个人喜爱电视节目的类别进行分析，可以判断出他的性格与心理。

喜欢欣赏喜剧性节目的人，多对生活要求不高，家庭观念浓厚，同时个性比较含蓄。这种人大多会利用幽默感去隐藏内心真实的情感，表面插科打诨、漫不经心，但内心却炽热如火。

喜欢看戏剧节目的人，多是自信心强且富有冒险精神。此类人英雄主义色彩极浓，好急人之困，但却比较霸道，喜欢领导和左右别人，有时会独裁专断。

对神秘恐怖节目或罪案故事最感兴趣的人，大多好奇心重，好胜心强。他们凡事能够贯彻始终，全力以赴，喜欢追求刺激而不甘于平凡。

喜欢有奖游戏或猜谜式节目的人，一般智商高，推理能力强。对任何问题都能冷静分析，寻根问底。此类人对于无知和愚蠢最不能忍受。

对家庭伦理连续剧最感兴趣的人，多幻想力强，是非分明，极富正义感，为人处世都极有分寸。

喜欢倾谈式节目的人，大多心思缜密，喜欢辩论而略为偏执。他们为人很有主见，但又非常客观，在作出任何决定时，必先详细考虑分析，绝不鲁莽行事。

爱看大型综合性娱乐节目的人，大多乐观开朗、心地善良而不愿记恨。此类人凡事只看好的一面，最能体谅别人。

爱欣赏体育节目的人，大多竞争心强，喜爱接受挑战，压力越强，表现越佳。他们做事谋定而动，计划周详而且尽力追求完美。

另外通过看电视时的行为方式，也可以观察出朋友的性格特点。

有的人喜欢一边看电视一边做其他的一件或是几件事情，比方说一边看电视，一边看报纸、打毛衣或者是吃东西。这固然和所看电视节目的内容有一定的关系，但也表明，这样的人多有很好的弹性，能较容易地适应各种各样的环境。在条件允许，甚至是不允许的情况下，他们也努力挑战自我或向外界挑战，以追求新鲜、刺激。

有的人在看电视的时候，精神高度集中。这样的人多办事比较认真，做任何一件事情都能够全身心地投入。而且这种人情感比较细腻，有丰富的想象力，很容易与他人产生共鸣。

也有的人在看电视的时候看着看着就睡着了。除去人非常疲劳的情况外，这样的人的性格多是随和而又乐观的，在挫折和困难面前，他们往往也能够笑着坦然面对，并积极地寻找各种方法，力争到最后轻松地解决。

还有的人在看电视的时候，一遇到自己不喜欢的节目就立即换台，这样的人耐心和忍受力都不是特别强，但他们很懂得节俭，不会浪费时间、金钱、财力、物力等。这一类型的人独立性很强，不属于那种一哄而起，一哄而散的人。

从驾车爱好见对方脾性

一、从喜欢车子的类型来看

车子能使我们快速地到达某一地点。对车子不同的选择，除了能够反映出车主经济实力的差别外，更可以看出对方品位，以及折射出对方各自不同的性格特征。

喜欢进口车的人，一般来说，对大部分国产车的品质，持怀疑态度。爱国主义之类的宣传号召很难打动他，他们根本不可能为了一句空口号而牺牲自己的利益。

喜欢吉普车的人，比较能吃苦耐劳。吉普车使人能够探访许多交通工具无法到达的地区。他们把所有人抛在车后一团团的灰尘中，打算替自己开条路。吉普车就像他们一样，不但能吃苦耐劳，而且原本就是为了吃苦耐劳而存在的。他们不需要空调，不需要美观的烤漆，不需要助力方向盘或电动刹车。他们所需要的是，在被太阳烤干的嘴边吸一根香烟。

喜欢豪华车的人，可能很有钱，也可能很穷，不过他们喜欢看起来很有钱。他们希望表现出与众不同，具有影响力，从他们衣服的剪裁和房子的大小，也可以看出这点倾向。然而，他们心中成功的感觉，多半来自于他人的赞美，而不是真正发自内心的自我肯定。看到别人开劳斯莱斯，可以让他们一整天都不舒服。

喜欢敞篷车的人，不想与世隔绝。当然，他们希望这世界也能进入他们的车里，有风轻轻吹过发梢，有阳光亲吻他们的脸，他们喜欢敞篷车带给他们的那份逍遥自在和男性气概的形象。

喜欢双门车的人，多是喜欢控制人。别人一进入他们车子的后座，就成了他们真正的俘虏，没有出入方便的逃生门。双门车对于有控制欲的人来说，的确具有某种特殊的吸引力。他们控制了旁人的生命，而且只要自己轻松舒适，并不在乎别人。

喜欢四门车的人，尊重人。每个人都有属于自己的出入口，可以自由进出他们的车子，因为他们讨厌被人催促的感觉。他们给每个人一个出口，表示尊重他人选择的权利，即使对方选择离开他们，他们还是同样尊重对方的决定。然而，就因为他们不企图控制、限制别人，别人反而愿意搭他们的车。

喜欢省油车的人，一般很现实。随着油价飞涨，大多数人都希望自己的交通工具能够经济省油。所以，如果他们选择这一类的汽车，必定是个脚踏实地的人，而且非常现实。对他们而言，童年那种放纵自己的日子已经过去了，现在必须穿着得体，举止优雅。他们最关心的不是如何获取身份地位，而是保有目前已经拥有的身份地位。

二、从对车身颜色的喜好上看

据心理学家的研究表明，一个人对车的颜色的喜爱在一定程度上也可反映出他的性格。

喜欢红色的人，多具有较强的事业心，对自己充满自信，对人热情，喜爱开快车。

喜欢黑色和白色的人，多是属于工作热情高，万事追求完美的境界。

喜欢蓝色的人，多是干事冷静，具有较强的分析能力。

喜欢黄色的人，一般乐观、好交际、朋友众多。

喜欢绿色、银色的人，处事中庸、行事稳当、性格坚强。

从运动方式看个人情趣

如果一个人选择了某种运动，那么他所选择的养生之道中便透露出他在身、心两方面的需求，展现了他的个性。

去体育馆或健身俱乐部。只要不是一个人受苦，他们并不反对为了锻炼身体和维持健康而受苦。他们喜欢有人陪他们一起受苦，这样运动完后，在蒸气房里，就有伴可以互相怜惜。

参与有组织的运动。无论他们是在学校的操场打篮球，或是在海滩上打排球，他们最爱的不是运动而是参与运动所得到的乐趣。他们是团队中的一分子，这点在他们的生命中占了很重要的一环。下班后和他们一块儿打球的那些人，通常是他们学生时代的老朋友。

在家庭器材上运动。广告使他们相信，这类运动不需要费多少力气，就能够达到真的运动的效果。不过，他们很快就会发现，只有广告里的模特儿，才有办法边运动边露出笑容。他们的运动器材，现在摆在大厅的橱子里迎接灰尘。

喜欢举重。他们比较在意形式，较不重视内涵。他们最在乎的是外表，仿佛他们也有一副好得不得了的身材。举重赋予他们令人称羡的力量，这使他们觉得自己很特别，能够做某些没几个人能够做到的事。

喜欢竞走或慢跑。他们讨厌跟随人群，偏爱展露自己特殊的品位。

如果正好有一种时尚流行，比如慢跑，他们一定会另外找个新花样。他们的行为经常不符合传统。

有氧舞蹈。喜欢这种形式的体操，表示他们对自己的身体抱着一种圆融的态度，因为这种运动每一动作间的连接都相当自然流畅。为了展现优美的舞步，同时培养耐力，他们除了注重肌肉的力量外，还特别在意体态的优雅，他们不排斥做一些别人觉得既繁重又乏味的工作，因为他们懂得把工作当做游戏的诀窍。

喜欢骑自行车。他们比慢跑的人更懂得经济运动学，因为他们晓得如何以同样的能量走更远的路。此外，他们还可以坐着运动大腿。爱好自行车的他们，不像爱慢跑的人那么死板，他们一般不设定路线（慢跑的人通常都顺着同一条路线跑）。

喜欢做瑜伽。瑜伽与外在身体及内在器官的流畅性有关，尤其和脊椎顺畅与否更是关系密切。喜爱练习瑜伽的他们，深刻体会到呼吸是控制自己生命的一种方法，也了解冥想和体力的发挥是同样重要的。在一般情况下，倒立有助于拓展视野，使他们对事情的看法更透彻圆融。

喜好散步、走路。走路虽然没办法出风头，但却是一项最健康的运动。走路既不稀奇，又不时髦（就和他们的为人一样），但长期走下来，却令他们受益无穷。他们对需要紧急完成的计划没兴趣，不喜欢马拉松赛跑或吸引他人注意；他们是一群有耐心的人，有信心面对一切事物。

不喜欢运动的人。如果他们知道自己的身材已经完全走样了，恐怕会心脏病发作。即使到这个时候，他们仍然相信医学科技，可以把他们修理得像以前一样完好如新。危机的降临是突如其来的，他们实在不擅长训练自己，只好强迫他人来训练他们。所以，他们虽然不慢跑，但却是第一个跑去看医生的人。